ENCYCLOPÉDIE A. L. GUYOT

H. de GRAFFIGNY

LE MÉCANICIEN MODERNE

(Suite du Mécanicien Amateur)

Construction des Automates
Des petites Machines à vapeur
Éléments de Dessin mécanique
Horlogerie d'Amateur, etc,, etc.

42 figures explicatives

PARIS

20, Rue des Petits-Champs

Algérie, Colonies et Étranger : 25 Cent.

(Port en plus)

LE MÉCANICIEN MODERNE

LE MÉCANICIEN MODERNE

(Suite du Mécanicien Amateur)

PAR

H. de GRAFFIGNY

Construction des Automates
Des petites Machines à vapeur
Éléments de Dessin mécanique
Horlogerie d'Amateur, etc., etc.

42 figures explicatives

PARIS

Colletion A.-L. GUYOT

20, Rue des Petits-Champs, 20

LE MÉCANICIEN MODERNE

CHAPITRE PREMIER

Construction des Automates

On désigne sous le nom d'automates ces figures artificielles qui, sans mécanisme, reproduisent, avec une vérité approchant souvent de la nature, les mouvements propres à l'être animé qu'ils représentent. Ainsi, les personnages mouvants qui décorent certaines horloges monumentales ou que l'on peut apercevoir dans la vitrine de certains commerçants, ne sont pas autre chose que des automates, quelquefois même assez compliqués. Automates aussi ces petits oiseaux de bois qui, perchés sur le sommet des horloges à poids, accompagnent la sonnerie des heures de leur cri monotone : *coucou, coucou,* d'où vient le nom de ce genre d'appareils

Jusqu'à la fin du XVIII° siècle, l'esprit des

mécaniciens et des inventeurs s'est porté sur la construction de ce genre d'objets parlants, chantants et mouvants. Ces pièces excitaient alors l'admiration et l'enthousiasme des esprits naïfs et enclins au merveilleux, et il leur semblait que ce fût, comme dans la fameuse sphère d'Archimède, un « esprit enfermé », qui était le principal moteur de ces machines. Aujourd'hui, au XX° siècle, plus pratique et positif que ses devanciers, la construction des automates est presque entièrement abandonnée, et lorsqu'un barnum exhibe un personnage automatique merveilleux, joueur d'échecs ou musicien, la mécanique n'intervient la plupart du temps que comme *trompe l'œil* dans l'agencement, dont le véritable moteur est une personne vivante habilement dissimulée à la vue des spectateurs.

Les automates à juste titre les plus célèbres sont ceux construits par Vaucanson, et nous devons en dire quelques mots.

Le célèbre mécanicien naquit en 1709, à Grenoble. Dès sa plus tendre enfance, il montra le goût le plus vif, le penchant le plus instinctif vers les mathématiques, et surtout vers la mécanique. On raconte qu'il étudia à travers une porte vitrée, pendant de longues visites que faisait sa mère à la supérieure d'un couvent, le mouvement d'une horloge à poids, et qu'il par-

ayant même construit une semblable, prenant ses outils, avec quelques vieilles planches et des roues d'engrenages mises au rebut.

À mesure qu'il avançait dans la vie, Vaucanson se perfectionnait dans la connaissance de l'anatomie et des différents arts mécaniques, et c'est alors qu'il construisit ces pièces qui n'ont jamais été égalées depuis cette époque, comme résultat et mécanisme intérieur : le joueur de flûte, le tambourinaire, le joueur d'échecs, et le fameux canard, mangeant, digérant et criaillant comme leurs congénères naturels.

Le joueur de flûte était un personnage de grandeur naturelle, vêtu selon la mode du temps, debout et légèrement appuyé contre un fût de colonne. Cet automate pouvait jouer avec une facilité remarquable une douzaine d'airs différents. Pour atteindre ce résultat, des poids qui manœuvraient un soufflet contenu dans l'intérieur du personnage était amené par un tuyau convenable aux lèvres de la statue. Il agissait sur l'instrument de musique exactement comme dans la réalité. Pour produire les différentes notes, les *traits* et modulations d'un air, les doigts de l'automate étaient réglés, et venaient occuper horizontalement les trous de la flûte. Ils se soulevaient ou s'appliquaient verticalement par le jeu de fils de fer et de leviers, ces derniers pièces sous la commande d'un cylindre à chevilles analogue à celui des boîtes à musique.

Le *tambourinaire* était non moins remarquable. Construit de grandeur nature et habillé comme l'étaient les joueurs de tambourin de cette époque, il portait un grand tambourin suspendu devant lui et frappait sur cet instrument avec une baguette tenue de la main droite, tandis que la gauche maintenait un flageolet sur lequel l'automate pouvait jouer jusqu'à vingt airs différents. Le mécanisme intérieur, analogue à celui du joueur de flûte, était toutefois plus compliqué, et de la dépense de force motrice considérable par suite du jeu continu du soufflet. Sous certains rapports, le tambourinaire mécanique de Vaucanson était même supérieur aux meilleurs exécutants humains à cause de la pureté des sons émis et de la facilité avec laquelle il abordait les trilles les plus difficiles et les passages les plus épineux des variations. Il eût épuisé au concours les plus vigoureux joueurs de tambourin du temps, et les eût obligés à demander grâce, après les avoir battus par sa supériorité d'exécutant infatigable.

Après son *tambourinaire*, Vaucanson fit ses deux canards, qui furent un sujet d'admiration pour les connaisseurs, car ils exécutaient tous les mouvements copiant la nature, en utilisant à cet effet les combinaisons les plus ingénieuses de la mécanique. Le mouvement du cou, des ailes, des pattes, est absolument calqué sur l'animal, et les pièces et leviers qui font agir toutes les parties de la machine sont la véritable reproduction des différentes pièces de la charpente osseuse des palmipèdes.

Les canards de Vaucanson avalaient le grain placé devant eux dans une auge, et le rendaient à l'autre extrémité sous une forme toute différente.

Pour parvenir à ce résultat qui suscitait le plus vif étonnement, le constructeur avait dû disposer, dans l'endroit correspondant à l'estomac des volatiles, une espèce de broyeur transformant les grains en pâte claire évacuée ensuite par intermittences par un tube représentant l'intestin du canard.

Vaucanson construisit encore d'autres automates non moins remarquables que les précédents. C'est ainsi qu'il combina pour la tragédie *Cléopâtre*, de Marmontel, un aspic qui semblait vivant et qu'on voyait ramper, siffler et finalement percer le sein de la reine. La pièce n'ayant eu aucun succès, comme quelqu'un demandait à l'illustre mécanicien, on prétend que celui-ci répondit à son interlocuteur :

« — Oh ! moi, je suis de l'avis de l'aspic... je siffle comme lui ».

En 1746, Vaucahson fut nommé membre de l'Académie des Sciences, mais non sans peine. La nouvelle lui étant venue aux oreilles, qu'on lui reprochait de n'être pas géomètre, le savant dit simplement :

« — On veut un géomètre ?... Je vais en fabriquer un !... »

Au commencement du XIXe siècle, l'horloger suisse Jacquet Droz, s'illustra par ses conceptions étonnantes mettant à profit les principes les plus ingénieux de la mécanique. Il présenta un jour au roi d'Espagne une horloge où l'on voyait un berger avec son chien et, à côté de lui, une corbeille remplie de pommes. Quand l'heure sonnait, le berger jouait de la flûte, et le chien gambadait autour de lui. Le roi fut émerveillé par ce surprenant mécanisme.

« — Ce n'est pas tout, dit l'habile horloger ; que Votre Majesté essaie de prendre une des pommes qui sont dans le panier. »

Le roi étendit la main vers la corbeille et saisit un des fruits qu'elle contenait. Aussitôt le chien automate se tourna vers lui en aboyant si fort que tous les autres chiens du palais se mirent à aboyer à l'unisson.

« — Maintenant, ajouta Jacquet Droz, que Votre Majesté veuille bien demander à ce chien quelle heure il est ?... »

— *Que hora es ?...* interrogea le monarque.

— Ah ! sire, reprit l'horloger, cette bête fabriquée en Suisse ne comprend pas l'espagnol. Je n'ai pu, jusqu'ici, lui enseigner que le français !

— Alors, quelle heure est-il ? répéta le roi, dont la curiosité était vivement excitée.

Le chien aboya trois fois fortement, puis une fois plus faiblement.

« — Voyez ! conclut l'artiste, il est bien en effet trois heures et demie.

— C'est le diable, que ce chien !... s'exclama épouvanté un grand seigneur d'Espagne qui assistait à cette exhibition.

On ajoute qu'en effet, Jacquet Droz, qui un moment soupçonné et sérieusement accusé de sorcellerie. Mais la protection du roi lui évita de faire connaissance avec les cachots espagnols.

L'histoire cite encore, parmi les pièces mécaniques curieuses qui firent sensation à diverses époques, les *têtes parlantes*, de l'abbé Mical et de Léonard de Vinci, et l'*Androïde*, d'Albert le Grand, qui ouvrait en saluant ceux qui venaient frapper à la porte de l'espèce de cage où il était renfermé.

Mais les ressources de la mécanique sont limitées, et c'est pour trouver de nouveaux effets encore plus surprenants que les personnes qui se sont occupées d'automates au XIX⁰ siècle, ont fait appel à une puissance nouvelle se pliant à toutes sortes de services : l'électricité, et l'un des ingénieurs qui a su le mieux mettre cette force à profit a été Gustave Trouvé, mort en 1902.

Cet infatigable inventeur était né en 1839, à la Haye-Descartes, en Touraine, et dès l'âge de sept ans, il trouvait le moyen de fabriquer une petite machine à vapeur avec les baleines en acier d'un vieux parapluie et une ancienne boîte à poudre de chasse, machine qui fonctionna parfaitement. Sa facilité de conception n'avait comme rivale que son habileté de constructeur ; à l'aide de ces deux qualités maîtresses, il parvint à réaliser tout ce que son imagination féconde concevait, et c'est ainsi qu'il mérita le surnom d'Edison français.

Gustave Trouvé, qui fut d'abord horloger, fit connaître d'abord des bijoux animés extrêmement curieux et intéressants ; épingles de cravate, broches, etc. Ces bijoux affectaient, par exemple, la forme d'une tête de mort avec des yeux formés de petits diamants ; ou bien celle d'un lapin battant du tambour avec ses pattes de devant, ou d'un violoniste raclant son instrument d'un archet agile. Ces automates correspondaient par un fil invisible à une pile électrique renfermée dans un étui hermétique, de la grosseur d'un cigare, contenu dans le gousset du gilet. En retournant la pile à l'in-

verse de sa position ordinaire, le courant se
dégageait et passait dans le fil d'un minuscule
électro-aimant disposé dans l'intérieur du
bijou. Alors la tête de mort s'animait, sa
bouche s'ouvrait et se fermait, grinçait des
dents, roulait les yeux ; le lapin exécutait des
roulement indéfinis sur son tambour ; les dan-
seurs pirouettaient sur eux-mêmes ; l'oiseau
de paradis faisait battre ses ailes diamantées,
etc. L'effet était absolument saisissant.

Fig. 1 — Automates. Clown et Auguste boxeurs.

Actuellement, les automates sont des pou-
pées contenant intérieurement, ou dans un socle

sur lequel elles sont dressées, un mécanisme d'horlogerie dont le ressort commande, par l'intermédiaire d'engrenages et de détentes convenablement disposés, les fils métalliques, qui en se raccourcissant ou s'allongeant, font exécuter un mouvement déterminé à l'un des membres articulés du personnage.

Tel est le principe des jouets à bon marché, taillés dans le fer blanc de vieilles boîtes à conserves, et qui font fureur à Paris dans les petites boutiques installées sur les boulevards à l'occasion du jour de l'an. On se rappelle le *garçon livreur*, le *violoniste*, la *blanchisseuse* et autres sujets du même genre que l'on a pu voir évoluer sur les trottoirs de la capitale, aux pieds des camelots qui ont monopolisé la vente de ces objets à treize ou dix-neuf sous.

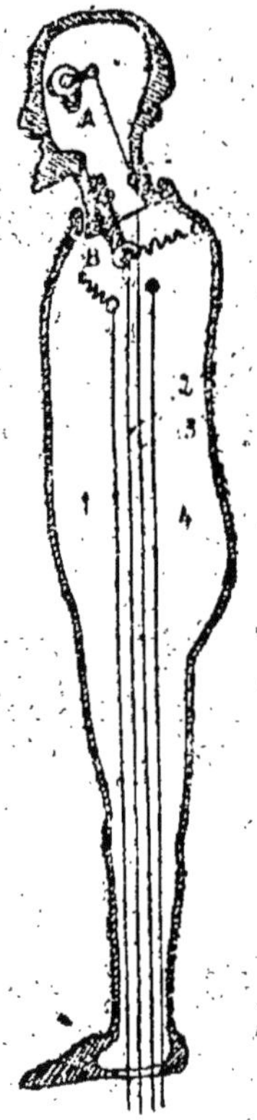

Voici, pour les amateurs qui lisent le modeste opuscule, comment on peut réussir la construction d'un automate, par exemple d'un personnage exécutant plusieurs mouvements, tels

Fig. 2
Coupe d'un automate.

que saluer en retirant son chapeau et en inclinant le corps en avant, puis fumer en fermant les yeux et en tournant la tête.

Le corps de l'automate sera composé de cinq morceaux distincts : 1° le buste, 2° la tête, 3° et 4° les deux bras et 5° l'abdomen et les deux jambes. On pourra prendre pour faire le corps, un gros poupard en carton moulé auquel on retirera la tête et que l'on coupera à hauteur des hanches. La tête sera une tête de poupée à yeux mobiles ; les bras seront faits avec du gros fil de fer que l'on courbera pour lui donner le contour voulu, ils seront terminés par des mains en bois ou carton moulé. L'abdomen et les jambes seront faits avec des morceaux de bois constituant une carcasse grossière qui sera dissimulée ensuite par les habillements.

Le buste sera ensuite recouvert d'étoffes représentant un habit noir, ne laissant apercevoir un gilet barré d'une chaîne de montre et un plastron éblouissant, avec col et cravate. La partie représentant les jambes sera également habillée d'un pantalon coupé à la mode ; les bras seront de la même étoffe que l'habit. Pour leur donner la grosseur voulue, on recouvre le fil de fer central de ouate bien tassée ou de chiffons roulés tout autour. Ne pas oublier les manchettes de lingerie dépassant les

manches de l'habit et, qui ajoutent à la vrai-
semblance.

Le mécanisme commandant les divers mouvements pourra être dissimulé dans une boîte
servant de socle à l'automate, boîte qui devra
de préférence être en bois peint. Sur la face
supérieure de la boîte sera solidement vissé ou
collé le morceau de bois de l'une des jambes du
personnage. Sous la semelle de l'autre pied, on
percera un trou pour donner passage aux fils
de commande. Le mécanisme d'horlogerie aura
pour but, lorsqu'on l'aura remonté, de faire
tourner très lentement un rouleau horizontal
muni de six chevilles en bois, disposées perpendiculairement l'une par rapport à l'autre

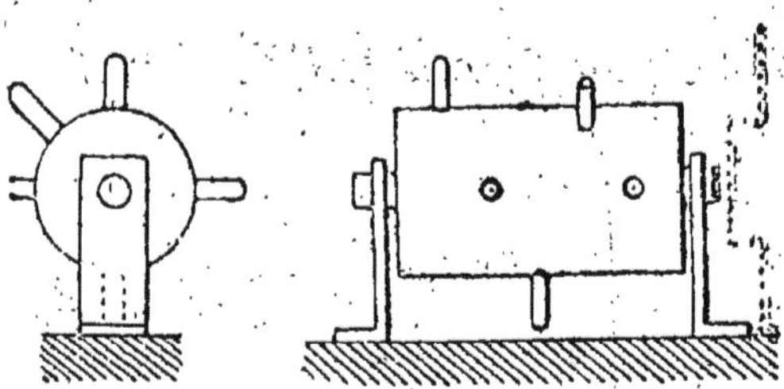

Fig. 3 et 4 — Mouvement d'horlogerie à chevilles
(Vu de côté et de profil).

le long du rouleau. Dans leur mouvement, ces
chevilles viennent buter sur la queue de leviers fixes agencés horizontalement en regard
du rouleau et les soulèvent, obligeant ainsi
l'autre bras de levier à s'abaisser et à décrire

un arc de cercle plus ou moins étendu selon la longueur qui lui a été donnée. C'est à l'extrémité de ce bras de levier qu'est fixé le fil de fer de tirage passant dans le vide du corps de la poupée et qui va s'attacher d'autre part à la partie à mettre en mouvement. Pour obliger le levier à revenir à sa position primitive, on le munit d'un petit ressort de rappel le ramenant en place, une fois le déplacement opéré.

Il est facile d'imaginer toute une série de mouvements avec ce même mécanisme, il suffit de munir le rouleau mobile d'ergots ou che-

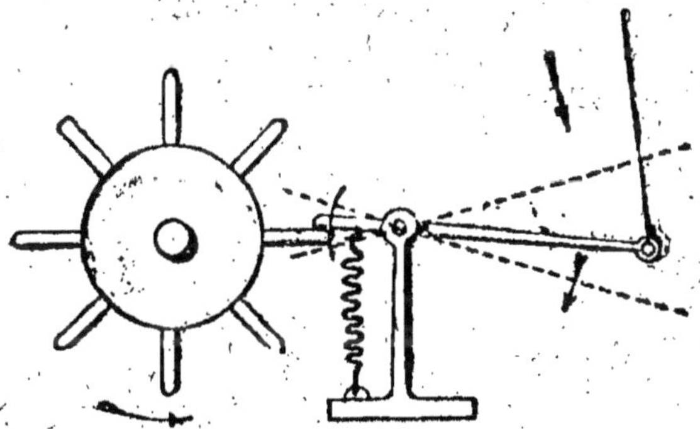

Fig. 5 — Détente du mécanisme de détente à chevilles, doigt et ressort de rappel.

villes convenablement disposés agissant sur des leviers de longueur voulue. Dans l'automate décrit ici, un fil commande le bras droit qui, au repos, tombe naturellement le long du corps : à mesure que le levier s'abaisse, le fil tire sur le bras, lequel est rattaché au torse par un axe lui servant de pivot. Le membre décrit une course assez grande pour que la main arrive à la hauteur du bord du chapeau ; à ce moment, le pouce de la main, qui est articulé, serre le bord de la coiffure par le jeu d'un deuxième fil de tirage agissant à cet instant. La queue du levier de commande échappant alors à la cheville du rouleau, le bras est libéré, et comme la main est alourdie par un petit anneau de plomb destiné à faire contrepoids, le membre retombe, la main conservant le chapeau serré entre le pouce et les deux autres doigts. Lorsque le même mouvement se reproduira, la détente du fil commandant le pouce s'effectuera alors, la main lâchera le bord du chapeau qui retrouvera sa place sur la tête du personnage.

Voilà pour le bras droit ; le déplacement du bras gauche est commandé, lui, par la cheville suivante du rouleau, et, par un mécanisme identique au premier, on calcule la course que doit effectuer ce membre de telle façon qu'elle se termine au moment où le cigare tenu par l'automate est venu au contact de la bouche. A ce moment, le levier échappe à la cheville, le fil se détend et le bras, entraîné par le contrepoids de plomb agencé autour du poignet, retombe dans sa position primitive.

Le mouvement des yeux, commandé par une

troisième détente, est très simple. On prend,
avons-nous dit, une tête en porcelaine avec
yeux s'ouvrant et se fermant par un petit
contrepoids qui agit lorsqu'on met la tête dans

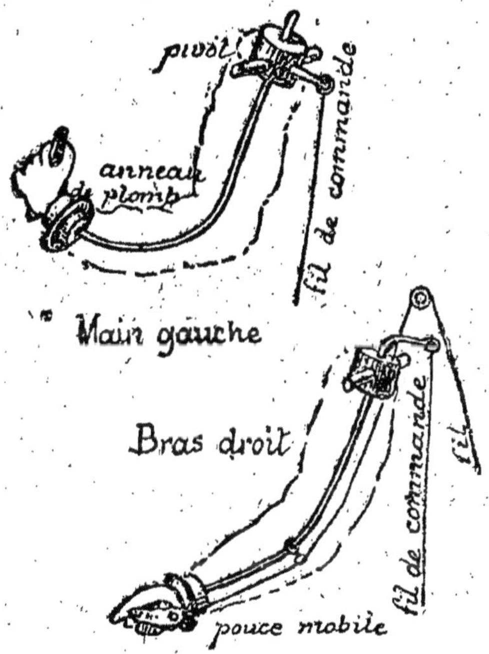

Fig. 6 et 7 — Agencement mécanique des deux bras
de l'automate.

deux situations perpendiculaires. Alors que,
dans l'une, les yeux paraissent ouverts, dans
l'autre, la partie mobile ayant fait un quart de
tour, ils semblent fermés et les paupières bais-
sées. Pour produire cet effet sans déplacer le
corps de l'automate, l'axe d'oscillation des yeux

est coudé à angle droit et c'est sur l'extrémité de ce coude que vient s'attacher le fil de tirage, déterminant l'ouverture et la fermeture alternative des yeux de la poupée.

Pour faire tourner la tête à droite et à gauche, c'est-à-dire l'animer d'un mouvement de rotation d'un demi-tour, on enfonce à force dans le vide du cou un morceau de bois vertical muni d'une traverse à sa partie inférieure, de manière à rappeler exactement la forme de la lettre T. C'est à l'une des extrémités de cette traverse que s'attache le fil de tirage, qui passe auparavant, et afin de prendre une direction horizontale, sur une petite poulie à gorge disposée *ad hoc* intérieurement.

A l'autre extrémité de la traverse du T, et dans le même sens que le fil de tirage, on place un petit ressort à boudin ayant pour but de rappeler la tête dans sa position naturelle.

La cinquième détente étant réservée au serrage du pouce de la main droite, la sixième peut commander l'inclinaison du buste en avant. Cette partie peut osciller à droite et à gauche (ou, mieux, d'avant en arrière), autour d'un pivot horizontal allant d'une hanche à l'autre. Le buste est maintenu bien vertical par un contrepoids placé à la partie inférieure et le fil de tirage est attaché en haut, au niveau de l'ouverture où s'engage la tête. En se raccourcissant par le jeu de la détente, le fil oblige le buste à s'incliner en avant ; il reprend sa position par le jeu du contrepoids dès que le levier de commande est libéré de la cheville.

Par cette description, on peut se rendre compte du principe des différents mouvements qui peuvent être communiqués aux membres d'un personnage artificiel quelconque. Le moteur peut être un poids agissant sur un soufflet, comme dans les automates de Vaucanson, ou un mécanisme d'horlogerie commandant la rotation d'un cylindre muni de chevilles et actionnant des leviers, comme dans l'exemple qui vient d'être donné. Il en résulte qu'avant d'entreprendre une construction du genre de la précédente, il convient de faire une étude préparatoire et un croquis du mécanisme pour se rendre compte de la longueur à donner aux deux bras de levier de chaque détente. Plus ce bras sera long, plus la course de la pièce mobile sera étendue, à la condition que la longueur du bras de levier commandé soit en rapport avec celle du levier qui l'actionne.

Au lieu d'un automate tournant la tête, fermant les yeux, saluant, inclinant le corps, portant un cigare à ses lèvres, etc., on peut s'appliquer à reproduire toute sorte d'autres mouvements. C'est le principe des automates qui servent à la réclame et que l'on peut voir dans des vitrines de pédicures, de marchands de rasoirs ou autres, et qui exécutent divers mouvements se succédant toujours dans le même ordre, tant que le mécanisme d'horlogerie actionne le rouleau et les diverses détentes. En utilisant ces procédés, on peut réaliser un très grand nombre de combinaisons différentes.

Nous pensons en avoir dit maintenant suffisamment sur ce sujet des pièces automatiques, d'ailleurs un peu passées de mode aujourd'hui, et nous allons étudier une autre partie de la mécanique qui présente une grande importance de nos jours : les générateurs et moteurs à vapeur actuellement en service dans l'industrie.

CHAPITRE II

Les Chaudières à vapeur

Théorie de la machine a vapeur. — Le moteur à vapeur n'est pas autre chose qu'un transformateur d'une espèce particulière. On lui fournit de la houille, — qui n'est autre chose que de la chaleur solaire condensée dans les végétaux fossilisés, ainsi que l'a très justement dit Stephenson, — et il rend ce calorique sous forme de mouvemnt. Les travaux de nombreux physiciens et mathématiciens tels que Carnot, Joule, Hirn, Regnault, entre autres, ont démontré l'équivalence du travail mécanique et de la chaleur, et prouvé que cette équivalence est absolue. La *calorie*, unité correspondant à la quantité de chaleur nécessaire pour élever de 1 degré la température de 1 kilogramme d'eau correspond au travail mécanique qu'il faut dépenser pour élever un poids de 425 kilogrammes à un mètre de hauteur (ou 42 kil. 5 à 10 mètres, ou 4 kil. 250 à 100 mè-

tres). Inversement, il faut dépenser 425 kilogrammètres pour obtenir une calorie.

Malheureusement l'eau employée dans la
machine à vapeur comme intermédiaire de la
transformation, nécessite une absoption considérable de calories pour changer d'état et passer de l'apparence liquide à l'état gazeux. Un
kilogramme de houille dégage par sa combustion 3 millions 400.000 kilogrammètres (ou
8.000 calories environ), et c'est tout au plus
si, dans les meilleures machines modernes à
longue détente et à condensation, on recueille
sur l'arbre 300.000 kilogrammètres, soit 9 à
10 % de l'énergie calorifique. Le coefficient de
transformation de la vapeur d'eau en travail
mécanique est donc assez faible, et les efforts
des plus savants ingénieurs modernes ne sont
parvenus à accroître le rendement économique
de ce genre de moteurs que dans une assez
faible proportion.

Sous l'action du foyer qui l'échauffe, l'eau
est transformée en un fluide élastique qui,
dans le milieu hermétiquement clos de la
chaudière, acquiert une tension de plus en
plus élevée à fur et à mesure que l'on entretient la combustion. Si l'on donne issue à cette
vapeur et qu'on la dirige sur une cloison mobile pouvant se déplacer à l'intérieur d'un récipient également clos, la pression subie par

cette cloison n'étant pas contrebalancée sur l'autre face, il en résultera un déplacement que l'on pourra utiliser. C'est là tout le principe de la machine à vapeur, et dès à présent nous pouvons diviser cette machine en deux parties distinctes : le *générateur* produisant la vapeur, et le *moteur* l'utilisant et la transformant en énergie cinétique.

CLASSIFICATION DES DIVERS TYPES DE CHAUDIÈRES A VAPEUR. — Voici maintenant comment on peut classer les innombrables systèmes de générateurs et de moteurs actuellement en usage dans l'industrie, et dont la disposition varie presque à l'infini.

Premièrement, en ce qui concerne les chaudières, on peut les ranger en quatre catégories distinctes, suivant l'agencement du foyer par rapport au liquide à vaporiser.

1° catégorie : chaudières tubulaires ;
2° catégorie : chaudières à foyer extérieur ;
3° catégorie : chaudières à foyer intérieur ;
4° catégorie : chaudières à circulation rapide.

Les générateurs de la première catégorie peuvent eux-mêmes être subdivisés en deux classes distinctes, suivant que le tube contient l'eau à chauffer, ou qu'au contraire il est parcouru par la flamme (comme dans les locomoliyés), et traverse la masse à réduire en vapeur. Dans le premier cas, ce sont des *tubes à eau*; dans le second, on les désigne sous le nom de *tubes à fumée*; ce sont alors de véritables carneaux en fer, en cuivre rouge ou en laiton soudé. Les tubes à eau sont plutôt en fer soudé à recouvrement pour plus de solidité.

Ces tubes sont ordinairement réunis en faisceaux cylindriques au moyen de *plaques tubulaires* reliées par des entretoises. Les tubes *bagués* sont pourvus intérieurement d'une bague en acier chassée à force à l'une de leurs extrémités et ayant pour effet d'assurer le serrage du tube contre la paroi de l'orifice de la plaque. Ce procédé est défectueux, car cette bague diminue la section de l'entrée du tube, et le bourrelet est préférable. Dans ce système, on renfle les tubes à l'intérieur à l'aide d'un outil spécial, de manière à faire saillir une sorte d'anneau qui maintient les tubes. Enfin il existe un grand nombre de chaudières dans lesquelles les tubes sont démontables. L'un des modèles les plus connus est celui de Berendorf, dans lequel se trouvent deux bagues coniques de diamètres différents et exactement tournées. Les orifices des tubes sont alésés au diamètre de ces bagues dans les plaques terminales; il suffit donc d'introduire chaque tube du faisceau par une des extrémités de la chaudière et

de fixer le tube sur les plaques en frappant sur
la tête d'un boulon dont l'embase porte sur
l'extrémité du tube et dont l'extrémité, terminée par un étrier, prend, à l'aide d'un écrou,
son point d'appui sur la plaque opposée.

Disons encore que les chaudières tubulaires
peuvent être à *flammes directes* ou à *retour
de flammes*. Chaque disposition présente des
avantages et des inconvénients particuliers que
nous examinerons en détail plus loin.

Les *chaudières à foyer intérieur* se composent en principe d'un vase métallique posé sur
un fourneau en maçonnerie de briques ; des
grilles fixes reposant sur cette maçonnerie supportent le combustible, et des carreaux permettent à la flamme de longer les parois laté-
rales de la chaudière ; enfin une cheminée active le tirage et porte les gaz de la combustion
à une hauteur suffisante pour que leur diffu-
sion dans l'air n'ait plus aucune influence nuisible. Dans ce genre de chaudières, la surface
de chauffe est très réduite, et par suite la puissance de vaporisation est faible. Le volume de
vapeur développé par rapport au volume d'eau
est dans le rapport de 2 à 3. C'est pour disposer
d'une plus grande puissance de vaporisation
que l'on augmente la surface de chauffe par
l'addition de bouilleurs à la chaudière principale.

Les chaudières dites *à foyer intérieur* possèdent un fourneau enfermé dans une enveloppe métallique disposée au milieu même du liquide à chauffer. Il peut même exister deux foyers et des bouilleurs réchauffeurs peuvent être adjoints au récipient principal. Presque

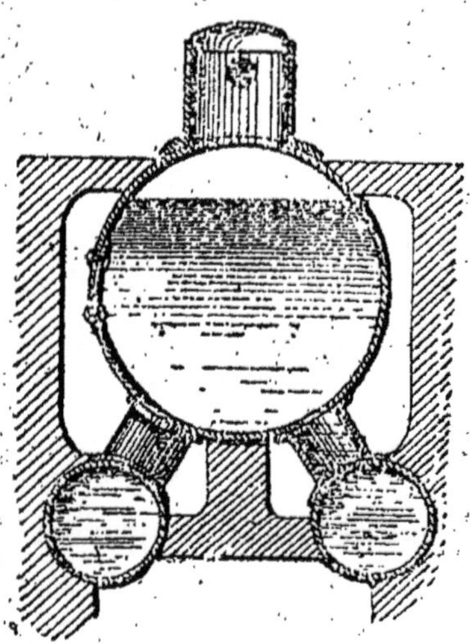

Fig. 8 — Chaudière à vapeur à deux bouilleurs (coupe).

Fig. 9 — Chaudière à foyers intérieurs, surmontée d'un corps de chaudière multitubulaire.

toutes les chaudières à foyer intérieur sont d'ailleurs *mixtes*, c'est-à-dire qu'elles possèdent des carreaux extérieurs.

Tous les générateurs de vapeur dits *à circulation rapide* reposent sur l'emploi de tubes de faible diamètre, exposés au rayonnement des flammes du foyer, et qui sont traversés par l'eau à vaporiser. Elles sont basées sur le principe établissant le fait qu'il ne faut vaporiser qu'un très faible volume d'eau à la fois, et de nombreux systèmes sont basés sur ce principe. Nous en parlerons en détail un peu plus loin.

On peut donc, en définitive, ranger les divers systèmes de générateurs actuellement en service en quatre catégories, savoir :

1° *Chaudières à foyer extérieur*, avec bouilleurs, réchauffeurs, type Fairbairn.

2° *Chaudières à foyer intérieur*, mixtes.

3° *Chaudières tubulaires*, avec tubes à fumée traversant la masse d'eau, chaudières de locomotives, locomobiles à retour de flammes, etc.

4° *Chaudières à circulation rapide*, ou *aqua-tubulaires*, tubes à eau léchés par les gaz chauds de la combustion, types Belleville, Niclausse, à tubes Field, Hermann-Lachapelle, Babcock-Wilcox, du Temple, Serpollet (à vaporisation instantanée et volant de chaleur).

LES CHAUDIÈRES A VAPEUR MULTITUBULAIRES. — Il existe une grande variété de chaudières de ce genre différent entre elles par les dispositions données aux tubes à eau, leur nombre et leurs dimensions. Dans certaines unités de ce genre, dont la puissance de vaporisation est considérable, le foyer est disposé avec retour de flammes, ce qui permet d'obtenir un meilleur rendement du calorique dépensé, bien que cette disposition ne soit pas sans présenter certains inconvénients d'ordre pratique. Souvent ces chaudières sont *amovibles*, c'est-à-dire que les pièces les constituant peuvent être démontées et changées s'il en est besoin. C'est là une disposition avantageuse et qui facilite les réparations à apporter aux pièces qui s'usent le plus, autrement dit au foyer et au faisceau tubulaire. Toutefois, cette amovibilité ne doit pas exister que pour un seul point, et il faut l'abandonner lorsque le diamètre du corps de chaudière dépasse 1 m.50.

Notons en passant que la mise en pression d'une chaudière neuve doit s'opérer graduellement et qu'il est bon de ne rien brusquer lors du premier allumage.

Il ne faut pas non plus s'effrayer des légères fuites qui se produisent toujours au début ; il faut laisser les tubes prendre leur place d'eux-mêmes et ne pas risquer de les affaiblir par un mandrinage intempestif et inutile.

Les chaudières contenant un faible volume d'eau et à vaporisation rapide, maintenant très répandues, surtout dans les villes où la place est strictement mesurée, ne sont pas, à proprement parler, absolument inexplosibles,

mais, se composant ordinairement d'un faisceau de tubes de petit diamètre groupés en
éléments séparés, il en résulte que la rupture
de l'un quelconque d'entre eux ne présente pas
un danger redoutable, car cette rupture est
insuffisante pour amener l'écoulement brusque
de la masse d'eau transformée en vapeur et qui
est contenue dans la chaudière.

Peu encombrants, possédant une très grande
surface de chauffe sous un petit volume, fournissant de la vapeur sèche et à haute pression, ces générateurs peuvent rendre les
meilleurs services toutes les fois que la dépense
de vapeur est assez régulière. Les chaudières
multitubulaires à circulation d'eau, formées de
tubes où l'on introduit continuellement et successivement de l'eau qui se vaporise presque
instantanément, se répandent d'ailleurs de plus
en plus dans l'industrie électrique. Dans les
types actuels, la jonction entre les tubes est
opérée avec des boîtes de raccord isolées et
indépendantes. A leur partie supérieure, les
tubes débouchent dans un récipient cylindrique, ou collecteur de vapeur, lequel est tra-
versé par le tuyau amenant l'eau d'alimentation. Un sécheur de vapeur composé d'une série
de tubes horizontaux est disposé sous la cou-
verture du générateur et forme une circulation
unique. Le registre fonctionne automatique-

ment suivant les variations de pression de la vapeur ; les grilles du foyer sont composées de barreaux de fer accouplés présentant des ondulations trapézoïdales qui ont pour effet de répartir l'air sur toute la surface de la grille.

Pour éviter que le personnel de service ne soit brûlé par les projections de vapeur, dans le cas de rupture subite d'un tube, les portes de cendrier s'ouvrent de dehors en dedans ou sont à bascule se fermant elles-mêmes par pression intérieure, et maintenues ouvertes selon les besoins par une tige à crémaillère. Si un élément tubulaire vient à se déchirer, l'échappement d'eau et de vapeur éteint le feu et ferme le cendrier sans que l'on ait à redouter les accidents susceptibles de se produire à la suite de l'afflux subit d'un fort jet de vapeur pénétrant par le cendrier dans la chambre de chauffe.

Le principal reproche que l'on adresse aux chaudières multitubulaires est le volume restreint d'eau qu'elles contiennent, et d'où résulte une grande instabilité manométrique, très désagréable pour les applications dans lesquelles la consommation s'opère par à-coups. Il est cependant un système qui ne présente pas cet inconvénient : c'est celui de Solignac-Grille, dans lequel le réservoir d'eau et de vapeur est complètement distinct de l'appareil de vaporisation et peut présenter un volume quelconque. Il joue le rôle d'un volant régulateur, et si la production de vapeur vient dépasser les besoins, la masse d'eau condense en se surchauffant le surcroît de vapeur qu'elle est prête à restituer par une vaporisation complémentaire, lorsque le débit excède la puissance de production du faisceau tubulaire. C'est à cette combinaison d'un grand réservoir d'eau et d'une surface de chauffe à vaporisation instantanée, formée d'une association de tubes contournés en S, que ce générateur doit la qualification de chaudière *mixte*, car il participe à la fois des deux principes qui servent de base aux chaudières à bouilleurs et aux chaudières aquatubulaires.

Dans cette même catégorie de chaudières à tubes à eau à chauffage direct, il faut encore placer le type « Field », dû à Perkins, et le générateur à vaporisation instantanée de Serpollet, abandonné depuis la mort de son inventeur. Le système Field est caractérisé par la présence au *ciel* de la chaudière, d'une série de tubes verticaux ou pendentifs fermés à leur partie inférieure qui est directement exposée au rayonnement du foyer. Dans l'intérieur de ces tubes, qui peuvent être plus ou moins nombreux suivant la puissance de la chaudière, descend un petit tube qui se termine à 5 ou

6 centimètres du fond du grand et se termine en haut par une partie évasée en cornet ou entonnoir. Pendant la chauffe, l'eau descend par cet entonnoir et remonte tout autour du petit tube avec la vapeur qui se dégage. C'est un dispositif qui permet d'augmenter dans une forte proportion la surface de chauffe et qui donne de bons résultats à la condition d'alimenter la chaudière avec de l'eau très pure, afin d'éviter les dépôts de tartre et produits terreux au fond des tubes.

La caractéristique du générateur Serpollet était son inexplosibilité absolue, le réservoir de vapeur étant supprimé et remplacé par un volant de chaleur constitué par la masse métallique des tubes, dont la section affectait la forme d'un U très court, dont les parois étaient aplaties de manière à ne laisser qu'un vide intérieur extrêmement étroit, et que traversait un courant d'eau injectée par une pompe. Cette eau, laminée entre des surfaces portées à une température très élevée, est instantanément vaporisée sans que le phénomène de la califaction puisse se produire et que les gouttelettes liquides puissent prendre l'état sphéroïdal. La sécurité est donc complète, et la vapeur obtenue étant ensuite surchauffée par son passage dans les tubes supérieurs de la chaudière, il en résulte que pendant l'admission aux cylindres moteurs, cette vapeur soumise à l'action réfrigérante de parois froides, peut se refroidir beaucoup sans qu'il se produise de condensation nuisible. Les éléments Serpollet employés pour la traction, étaient éprouvés par le Service des Mines à 100 atmosphères et timbrés à 94.

TIRAGE DES FOYERS DE CHAUDIÈRES A VAPEUR. — Les foyers ordinaires à grille se divisent en deux classes, ainsi que nous l'avons dit un peu plus haut : ceux qui sont disposés extérieurement par rapport aux parois de la chaudière, et ceux dans lesquels la grille est placée à l'intérieur du générateur, lequel entoure le foyer de tous côtés. De toute façon, les grilles se font horizontales ou légèrement inclinées vers l'arrière, ce qui procure l'avantage de laisser plus d'espace pour le dégagement des flammes sans diminuer l'ouverture du cendrier ni gêner l'accès de l'air. Les barreaux sont en fonte ou en fer laminé ; l'intervalle libre existant entre eux dépend de la nature du combustible employé ; il est réduit à un centimètre pour le tout-venant et à 6 ou 7 millimètres pour le menu. Les barreaux minces ont l'avantage de mieux assurer la répartition de l'air dans la masse de combustible en ignition, mais ils sont fragiles et susceptibles de se déformer sous l'action prolongée de la chaleur.

La hauteur de la grille au-dessus du sol de la chambre de chauffe doit être de 0 m. 75 à 0 m. 80 ; c'est-à-dire en rapport avec la taille ordinaire de l'homme pour que le chauffeur puisse manœuvrer facilement sa pelle et son ringard. La hauteur du cendrier doit être assez grande pour que les cendres chaudes et les escarbilles ne chauffent pas trop fortement le dessous des barreaux. Une bonne pratique consiste à placer dans le fond du cendrier, lorsqu'il s'agit d'une machine fixe, une cuvette en fonte de 10 centimètres de haut, pleine d'eau, dans laquelle s'éteignent immédiatement les escarbilles enflammées qui tombent de la grille. Le cendrier doit être muni d'une porte que l'on ferme pendant les arrêts, évitant ainsi l'arrivée de l'air et maintenant au besoin la chaudière en pression, la nuit par exemple, d'où économie de temps et de combustible. Dans certains cas, l'air affluant dans le foyer produit un ronflement bruyant qui fait vibrer désagréablement les parois des chaudières ; on arrive à atténuer et faire cesser ce bruit en diminuant la vitesse du courant d'air par la manœuvre du registre ou de la porte du cendrier.

Dans les conditions moyennes d'établissement des générateurs fixes, avec un tirage de cheminée de 20 à 30 mètres de hauteur, la registre en partie baissé, de manière à produire une combustion modérément active, on doit charger sur la grille, par mètre carré de 60 à 70 kilogrammes de tout-venant, sur une épaisseur de 0 m. 10 à 0 m. 12 environ. La manœuvre du registre, en faisant varier le tirage, permet d'augmenter ou de diminuer dans de très grandes proportions, cette consommation, qui doit être considérée comme une moyenne.

Il est à remarquer qu'à chaque chargement du foyer correspond un dégagement abondant de gaz provenant de la distillation incomplète de la houille. Le volume d'air admis pour le tirage est momentanément insuffisant et la cheminée fume. On peut diviser l'intervalle compris entre deux chargements en trois périodes : période de fumée noire, période de fumée légèrement colorée et période de fumée nulle. L'intensité de la fumée et la durée de chaque période dépendent beaucoup de la nature de charbon employé et des circonstances de la combustion. Toujours est-il que, surtout dans les villes, cette fumée peut causer une gêne sérieuse, et qu'en tout cas il peut être avantageux de chercher à brûler le plus complètement possible la fumée provenant des molécules de charbon restées en suspension dans les gaz chauds en raison d'une combustion incomplète. Les foyers réalisant ces conditions et brûlant la fumée sont dits *fumivores*. Dans le système Wackernie, la grille est composée de barreaux tournants, mobiles les uns par rapport aux autres ; cette disposition permet de décoller facilement le mâchefer pendant la marche et de faire tomber les cendres, ce qui rétablit les passages réguliers de l'air sans qu'il devienne nécessaire d'ouvrir la porte du foyer pour décrasser le feu.

Dans d'autres systèmes, on admet directement un excès d'air au-dessus de la grille au moment du chargement, ou on insuffle de l'air injecté par un jet de vapeur (appareils Thierry et Orvis). Une voûte de briques réfractaires peut d'ailleurs suffire pour assurer un brassage énergique des gaz, dont la combustion est rendue plus complète, et ce dispositif est fréquemment employé. Mais une solution plus radicale, déjà réalisée dans de grandes usines d'électricité de construction récente consiste dans l'installation de foyers à alimentation continue, où le combustible arrivant sans interruption, mais par petites portions, l'admission d'air peut être réglée une fois pour toutes. Tel est le principe des foyers à trémie de chargement, à transporteur mécanique, Godillot, etc.

Il ne faut pas oublier que le tirage par cheminée ne peut produire qu'un appel d'air déterminant une dépression au plus supérieure à 30 millimètres d'eau à la base de la cheminée d'appel. Lorsqu'on a intérêt à augmenter le tirage, sans accroître proportionnellement la surface de grille, ou que l'on veut augmenter la quantité de combustible brûlé par mètre carré de grille, pour reculer la limite de production de la chaudière, ou encore si l'on est dans la nécessité de se passer de cheminée, comme c'est le cas pour les locomotives et les bateaux à vapeur, on est conduit à employer des appareils particuliers, tels que des injecteurs à vapeur ou à air comprimé ou des ventilateurs. Le foyer est alors dit *à tirage forcé*. C'est le cas lorsque la dépression et l'appel d'air sont créés par l'échappement de la vapeur dans la cheminée, comme cela a lieu dans les machines de locomotion. On peut aussi, au lieu de souffler de l'air sur le foyer (cas des chaudières marines) ou produire un appel d'air à la base de la cheminée par un jet de vapeur, installer un ventilateur aspirant dans ce même emplacement. C'est ce que l'on appelle le *tirage induit* ou par aspiration ; il est assez utilisé en Angleterre et permet de supprimer les cheminées d'échappement et de tirage, qui devraient avoir une hauteur considérable pour répondre aux nécessités du fonctionnement. Mais en revanche, ce ventilateur absorbe une certaine

quantité de travail et nécessite un moteur indépendant pour être mis en route. Ce système
ne présente donc pas que des avantages.

LES CONDENSEURS, RÉCHAUFFEURS ET ÉPURA-
TEURS D'EAU. — Les condenseurs sont des appareils qui permettent de liquéfier la vapeur
d'échappement sous une pression aussi réduite
que possible, de manière à améliorer le rendement de la machine en supprimant la contre-
pression due au poids de l'atmosphère et qui
s'exerce sur la face du piston opposée à celle
qui travaille.

Il existe deux classe de condenseurs : ceux
dits *à mélange*, et ceux dits *à surface*. Dans les
premiers, l'injection d'eau froide s'opère sous
forme de gerbe ou de nappe conique lancée
par un ajustage divergent, ou bien encore sous
forme de pluie au moyen d'un tuyau en cuivre
agencé dans l'axe du récipient et perforé d'un
très grand nombre de petits trous ou de fentes
étroites. Le vide à l'intérieur d'un condenseur
n'a pas besoin d'être poussé plus loin que
58 centimètres de mercure, soit une dépression
de 18 centimètres.

Les appareils à surface sont d'un usage plus
répandu, en raison de l'avantage qu'ils présentent d'assurer une plus grande durée aux chaudières lorsqu'on alimente celles-ci avec des
eaux incrustantes. Dans cette catégorie, la va-

peur d'échappement débouche sur un faisceau tubulaire, composé d'un nombre assez élevé de tubes de laiton de 40 millimètres au plus de diamètre extérieur, et quelque peu analogue au faisceau de la chaudière, bien que son rôle soit complètement opposé. L'eau condensée sur ces tubes est reprise par une pompe et renvoyée directement au générateur de vapeur. De cette façon, l'eau se trouve distillée, et il n'y a plus qu'à parer aux pertes qui se produisent dans la circulation. La surface tubulaire d'un condenseur doit être environ vingt fois plus grande que la surface de grille, et le double de la surface de chauffe. La partie la plus délicate de l'appareil, celle qui est sujette aux plus fréquents dérangements, est la *pompe à air*, qui enlève en même temps que l'eau condensée, l'air et les gaz, afin de maintenir le degré de vide convenable. C'est ordinairement une pompe à double effet commandée par une transmission particulière. Le chauffeur devra fréquemment porter son attention sur le bon fonctionnement de cet organe et son état de conservation.

Dans les chaudières à bouilleurs, les gaz de la combustion conservent une température plus élevée qu'il n'est nécessaire pour assurer un bon tirage par la cheminée ; on s'efforce alors de récupérer une partie de cette chaleur perdue en faisant circuler les gaz chauds autour

de récipients de forme variable, dits *réchauffeurs*, le plus souvent traversés par un faisceau de tubes où l'eau d'alimentation circule
en sens inverse du mouvement des gaz chauds,
avant de pénétrer dans la chaudière. On fait
usage dans ce but de corps cylindriques de
diamètre moindre que les bouilleurs ou de
faisceaux composés de tubes de faible diamètre
et dont l'ensemble constitue ce que l'on appelle
un *économiseur*. Les tubes peuvent être verticaux, horizontaux ou obliques suivant les circonstances ; ils sont pourvus extérieurement de
râcloirs animés d'un mouvement de va-et-
vient, et dont le but est de détacher la suie en
maintenant propres les parois métalliques, afin
de maintenir une bonne transmission du calorique des gaz léchant les parois des tubes, au
liquide circulant dans leur intérieur.

Un appareil accessoire des chaudières à vapeur et dont l'utilité est incontestable chaque
fois que les eaux d'alimentation ne sont pas
rigoureusement pures est ce qu'on nomme
l'*épurateur d'eau*. Il permet de réaliser la correction des eaux trop *dures*, c'est-à-dire trop
chargées de sels calcaires en dissolution. Les
produits chimiques épurants, ou *réactifs*, les
plus économiques et par suite les plus usités,
sont la *chaux*, qui assure la précipitation des
bicarbonates de chaux et de magnésie, et le

carbonate de soude (contre les sulfates), puis, dans des cas spéciaux, les sels de fer, d'alumine, de baryte, etc. Ces derniers étant solubles, sont employés sous forme de solutions dont le débit est réglé par un doseur automatique assurant une proportionnalité constante entre le volume d'eau brute amenée à l'épurateur et la quantité de réactifs nécessaire pour réaliser une correction parfaite et complète.

APPAREILS DE SÉCURITÉ. — Les appareils de sécurité dont l'usage est prescrit pour les générateurs à vapeur sont ceux ayant pour but d'indiquer constamment le niveau de l'eau à l'intérieur de la chaudière : tubes de niveau, robinets de jauge, clarinette, etc., ceux indiquant la pression de la vapeur : manomètres à mercure, métalliques, à cadran ou enregistreurs, et ceux limitant cette pression : soupapes de sûreté. Nous dirons quelques mots de ces divers appareils avant de clore ce chapitre.

Le tube de niveau est réglementaire. Il serait très commode s'il fournissait des indications bien exactes, mais diverses causes : condensation de la vapeur, obstruction des conduits ont une influence marquée sur ces indications qui sont souvent faussées et empêchent de s'y fier complètement. Ces défauts ont d'ailleurs été reconnus, et on a essayé de les faire disparaître par diverses modifications, qui sont surtout des

complications. Un autre inconvénient du tube
est son insuffisante étanchéité. Il tombe constamment des gouttes d'eau bouillante des robinets et des garnitures, et l'ouvrier souvent atteint et brûlé renonce souvent à entretenir cet
appareil dont il remplace l'usage par celui des
robinets de niveau ou de jauge.

Le sifflet d'alarme à flotteur, qui résonne
lorsque l'eau descend au-dessous d'un certain
niveau exige des soins d'entretiens
fréquents, car il peut arriver que la
tige mobile s'entartre et se trouve
emprisonnée dans les bourrages où
elle doit glisser librement. L'arrêt
des flotteurs à contrepoids est fré-
quent, et les indications qu'ils four-
nissent sont souvent inexactes en
raison de la présence des dépôts
terreux qui obstruent les canaux de
vapeur et immobilisent le mécanisme.

Les soupapes de sûreté ont pour
but de livrer passage à la vapeur en
cas de surproduction et d'élévation
de la pression au-dessus du chiffre
normal déterminé par le timbre. Elles
ne nécessitent que peu de surveillance, et le
chauffeur doit se borner à soulever deux ou
trois fois par jour le levier maintenant le clapet

Fig. 10
Balance à
ressort
de soupape
de sûreté

appliqué sur son siège. Sans cette précaution, la soupape collerait à la longue sur son support, et ne pourrait que difficilement se soulever au moment nécessaire. En s'échappant lorsqu'on soulève le levier, la vapeur chasse les matières sédimenteuses adhérentes.

Le manomètre sert à contrôler la pression de la vapeur à l'intérieur de la chaudière et les soupapes doivent se soulever lorsque le manomètre indique que la pression du timbre commence à être dépassée. Le manomètre métallique à cadran est le plus répandu ; il a remplacé le manomètre à mercure, mais on tend à lui adjoindre fréquemment le manomètre enregistreur donnant une inscription continue.

CHAPITRE III

Les Moteurs à vapeur actuels

AGENCEMENT ET FONCTIONNEMENT DES MOTEURS A VAPEUR A PISTONS. — La plupart des moteurs à vapeur actuellement en service dans l'industrie, sont encore basés sur le principe de Watt et d'Evans : un piston se déplaçant alternativement dans les deux sens, à l'intérieur d'un corps de pompe cylindrique, sous la poussée d'un jet de vapeur à haute pression successivement dirigé sur les deux faces de ce piston par le jeu d'une pièce mobile appelée *tiroir de distribution*. Hâtons-nous cependant d'ajouter qu'un autre moyen d'utiliser la force expansive de la vapeur tend à se substituer au piston à mouvement alternatif : c'est la turbine, qui met à profit la force vive de l'écoulement d'un jet de vapeur détendu, et fournit un mouvement circulaire continu sans transformation. La turbine à vapeur est la meilleure solution de la machine rotative, qui a hanté plus d'un siècle l'esprit des inventeurs, et n'a jamais pu être réalisée pratiquement, même par des mécaniciens de génie comme Pecqueur, Uhler, et de nombreux autres.

Un moteur à piston se compose donc d'un corps de pompe cylindrique, fermé par deux couvercles ou plateaux, et à l'intérieur duquel se meut un piston rendu étanche par des segments élastiques ou des ressorts. Dans les machines dites *à simple effet*, la vapeur n'agit que sur une face (toujours la même) du piston, et l'extrémité opposée du cylindre est souvent ouverte. Dans celles dites *à double effet*, le fluide moteur est admis successivement sur les deux faces, et le piston travaille pendant ses deux courses d'aller et retour. La distribution est opérée par un *tiroir*, enfermé dans une boîte accolée au cylindre, et qui dirige la vapeur tantôt vers un bout, tantôt vers l'autre du cylindre, une *lumière* du tiroir se trouvant en rapport avec l'admission, tandis que l'autre est en rapport avec l'échappement, et inversement. La forme du tiroir dite *à coquille* est avantageuse, parce qu'elle se prête bien aux grandes vitesses en raison de sa légèreté. Son ajustage est d'autant plus facile que la pression qu'il reçoit sur sa face extérieure tend à l'appliquer plus exactement sur la *glace* ou face de la boîte de distribution sur laquelle il doit glisser. Il se prête également à la détente de la vapeur, en ajoutant sur ses bords des recouvrements permettant de réaliser ce que l'on appelle *l'avance à l'admission* ou *à l'échappement.*

Le mouvemnt rectiligne alternatif du piston dans son cylindre est transmis à l'arbre de couche et transformé en mouvement circulaire continu par divers artifices mécaniques. Ordinairement, la tige du piston est fixée sur une pièce en fonte douce frottant entre deux glissières. Cette pièce dite *crosse*, est pourvue d'un essieu mobile dont les deux extrémités maintiennent les fourches d'une bielle articulée, dont la tête, munie de coussinets, est serrée sur le vilebrequin de l'arbre. Dans les machines à simple effet, la tige du piston est attelée directement sur le maneton ou sur le coude du vilebrequin, et pour suivre le mouvement de cette pièce, cette tige est articulée sur deux tourillons à l'intérieur du piston.

Les moteurs à piston fonctionnent soit à *pleine pression*, c'est-à-dire que la vapeur est admise au cylindre pendant toute la durée de la course du piston, que la machine soit à simple ou à double effet ; ce procédé est peu économique, car il donne lieu à une perte de chaleur considérable ; on l'a donc abandonné pour adopter la marche *à détente* ou *à expansion.*

Dans ces machines, la vapeur ne pénètre dans le cylindre que pendant une partie de la course du piston ; dès que l'orifice d'admission se trouve obturé par le mouvement du tiroir, la vapeur introduite se détend en raison de sa force élastique et continue à pousser le piston jusqu'à la fin de sa course. La quantité initiale de vapeur qui se trouvait dans le cylindre occupe donc un volume de plus en plus grand, et sa pression décroît progressivement. On a donc une meilleure utilisation de la vapeur que dans la machine à pleine pression, car l'échappement s'opère à une pression et à une température d'autant plus inférieure à celle qu'elle possédait au moment de son introduction, que la détente aura été plus longue ou l'admission plus petite en égard à la longueur de la course.

Pour obtenir un rendement économique encore plus élevé, au lieu d'échapper la vapeur à l'air libre à sa sortie du cylindre où elle s'est détendue, on la dirige souvent dans un second cylindre de diamètre plus grand que le premier où elle continue à se détendre en agissant sur le piston contenu dans ce cylindre. On a même établi des unités de grande puissance comportant trois et quatre cylindres de diamètre croissant, où la vapeur se détend *en cascade* jusqu'à l'extrême limite de son expansibilité. C'est ce que l'on nomme machines à *triple* et *quadruple expansion*, mais ses machines sont forcément compliqués et coûteuses, et comme leur consommation de vapeur par unité de travail n'est pas inférieure à celle des turbines, on comprend que ces dernières puissent victorieusement entrer en concurrence avec elles et leur prendre leur place.

La machine à double expansion dite de *Woolf* ou *compound*, comporte deux cylindres,

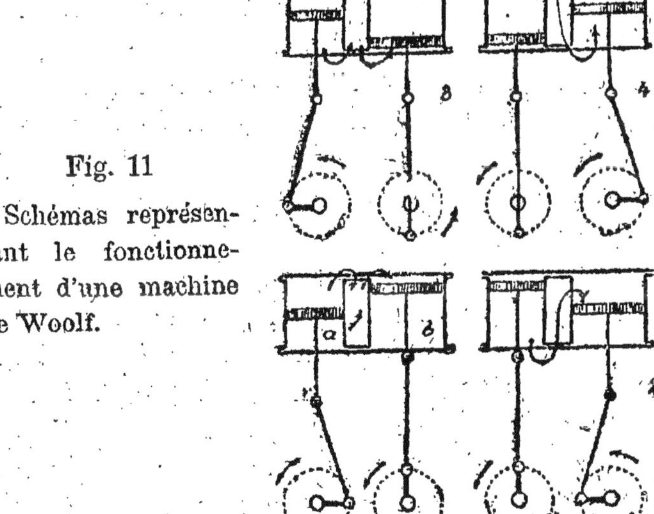

Fig. 11

Schémas représentant le fonctionnement d'une machine de Woolf.

l'un beaucoup plus gros que l'autre et séparés l'un de l'autre par une capacité intermédiaire. Les pistons attaquent des manivelles calées à angle droit l'une de l'autre et on peut en expliquer le fonctionnement comme suit, en s'aidant des schémas ci-dessous montrant trois positions successives des pistons dans ce système.

Dans la position I, le volume de vapeur contenu sous le piston du petit cylindre A, devra s'écouler, pendant le mouvement descendant de ce piston, dans le cylindre à basse pression, mais l'admission à ce second cylindre se trouve fermée avant que l'échappement commence dans le petit. Cette vapeur s'écoule alors dans le réservoir intermédiaire c ou *échangeur*, jusqu'à ce que le grand piston soit arrivé au bas de sa course. Dans ce réservoir, on lui fournit une nouvelle quantité de chaleur par une chemise de vapeur annulaire extérieure.

La position II représente le piston B au bas de sa course ; la vapeur passe alors du réservoir C sous ce piston pour le faire remonter. Lorsqu'il a terminé sa course ascendante et atteint la position III ou un peu avant, on ferme à nouveau l'admisison au grand cylindre, et la vapeur se détend jusqu'à la fin de la course, tandis que, de l'autre côté du piston B, il y a communication avec le condenseur.

Pour obtenir d'une machine compound le maximum de rendement, il faut maintenir dans l'échangeur la pression égale à la pression finale dans le petit cylindre dit *receveur*, et dans ce but, l'admission au grand cylindre détendeur est faite égale au volume final du petit cylindre, tout en tolérant une légère chute de pression de 0.3 à 0.5 au plus, ne causant qu'une perte assez réduite. Il suffit pour cela de donner à l'échangeur une capacité double de celle du receveur pour que les variations soient négligeables.

Dans les machines établies d'après ce principe, les distributions des deux cylindres sont à détente variable, et celle du petit cylindre est commandée par le régulateur centrifuge, tandis que dans l'autre elle est variable à la main pour éviter toute complication. Le réservoir intermédiaire est quelquefois constitué simplement par une conduite de fort diamètre réunissant les deux cylindres. Dans les machines dites à *pilon*, il est quelquefois constitué par l'enveloppe de vapeur entourant le petit cylindre, mais c'est là une disposition défectueuse. La capacité doit être *au moins* égale au volume du petit cylindre, et *au plus* à celle du grand. La surface de chauffe de l'échangeur est égale à 1 fois ou 1 fois ½ celle de la paroi intérieur du cylindre détendeur.

Tous les moteurs à vapeur à pleine pression, détente ou expansibilité peuvent fonctionner à échappement libre ou à condensation. L'avantage procuré par l'usage du condenseur réside dans l'économie que cet apareil permet de réaliser. La contre-pression (1 kilogramme 33 grammes par centimètre carré) opposée par l'atmosphère au piston de l'autre côté de sa face en travail, est supprimée en partie par le vide régnant dans le condenseur et le travail développé pour une même quantité de vapeur dépensée, se trouve sensiblement augmenté. Il en résulte donc, en définitive, une économie de combustible. Le moteur à vapeur le plus économique, celui qui consomme le moins pour fournir une quantité de travail déterminée, est donc celui pourvu de l'expansion et de la condensation. La grande détente, en effet, permet de retirer de la vapeur presque toute sa force élastique, et la condensation en supprimant la contre-pression de l'atmosphère, fait disparaître la principale cause de résistance passive.

PRÓCCÉDÉS DIVERS DE DÉTENTE. — Il existe plusieurs procédés pour obtenir la détente de la vapeur dans un unique cylindre, et les plus usités ont été les suivants :

1° Détente par recouvrement du tiroir de distribution.
2°   —   deux tiroirs superposés.
3°   —   Meyer, à deux tiroirs, dont l'un composé de deux parties mobiles.
4°   —   Farcot.
5°   —   par soupapes.
6°   —   par variabilité de la course du tiroir, au moyen de la coulisse.

La détente fixe est obtenue en munissant le tiroir de *recouvrements* ; elle est connue sous le nom de détente de Clapeyron. Dans ce système, le tiroir à coquille présente de larges rebords ou *barrettes* exactement dressés de façon à s'appliquer sur la *glace* du tiroir. Le recouvrement, au lieu d'être égal à la largeur des lumières s'admission et d'échappement, comme dans les tiroirs sans détente, est égal à deux fois la largeur de ces lumières.

La détente par deux tiroirs superposés se compose, comme son nom l'indique, de deux parties, la première servant à la distribution de la vapeur sur les deux faces du piston, sans aucune action sur l'expansion, tandis que la seconde, par son mouvement, couvre plus ou moins les lumières et raccourcit la durée pendant laquelle la vapeur pénètre dans le cylindre. La détente Meyer ne diffère de celle-ci qu'en ce que le tiroir de détente, au lieu d'être d'une seule pièce, est composée de deux blocs ayant un mouvement indépendant de celui du tiroir proprement dit, et qui viennent fermer deux orifices percés dans ce dernier, orifices qui communiquent alternativement avec les lumières d'admission, interceptant ainsi l'entrée de la vapeur et faisant commencer la détente.

La détente système Farcot, du nom du premier constructeur qui ait appliqué, dès l'année

1834 un dispositif de détente variable aux machines à vapeur, a pour but d'obtenir plus rapidement la fermeture des lumières du tiroir, afin d'éviter la perte de pression qui a lieu en raison de la diminution de section des orifices au moment de leur fermeture. Ce système, de même que les précédents, comporte deux tiroirs superposés, conduits, l'un par un excentrique comme d'ordinaire, l'autre par un arbre vertical et une came. Le tiroir de détente, qui est placé au-dessus de l'autre, est appliqué contre lui par des ressorts, de telle façon qu'il se trouve entraîné dans son mouvement. Il se compose de deux parties distinctes, indépendantes l'une de l'autre, et qui sont arrêtées dans leur mouvement par la came sur laquelle ils viennent butter.

Il est encore un dernier procédé pour réaliser la détente dans les machines à vapeur pourvues d'un mécanisme de changement de marche au moyen de la coulisse inventée par Stephenson et perfectionnée par Walschaërt. En principe, la *coulisse* se compose de deux excentriques identiques, calés sur un même arbre mobile. Les barres de ces deux excentriques sont articulées sur la coulisse, qui affecte la forme d'un arc de cercle dans lequel est engagé le *coulisseau*. La coulisse est suspendue par deux bielles à un point fixe d'une manivelle de *l'arbre de relevage*. Le coulisseau est relié à la tige du tiroir par des moyens qui varient avec les constructeurs. Pratiquement, on donne le nom de *point mort* au milieu de la coulisse, mais c'est une erreur : quoiqu'une machine ne démarre généralement pas à ce point, le tiroir distribue encore, et le vrai point mort correspond à un autre point de la coulisse plus ou moins éloigné de son milieu.

Lorsqu'on déplace le coulisseau en manœuvrant le levier ou le volant commandant le système de changement de marche, on diminue la course de la glissière en rapprochant le levier du point milieu, et cette diminution de course suffit à augmenter la détente. On sait que, le piston se trouvant à bout de course, la lumière du même côté est ouverte d'une quantité égale à l'avance. A mesure que le piston s'éloigne, la glissière marche dans le même sens, ouvre plus ou moins la lumière, puis revient sur elle-même et la referme avant que le piston soit arrivé à l'extrémité de sa course, ce qui limite l'admission et laisse achever la course par la détente de la vapeur. Si la course à faire est moins longue à partir du point d'avance qui doit rester constant, la glissière sera revenue plus tôt au point où elle ferme l'admission, et la détente en sera, par suite, prolongée.

Divers systèmes de moteurs a vapeur a pistons. — On peut ranger les machines à vapeur à pistons en deux catégories distinctes : les machines à petite vitesse, dont le nombre de tours par minute ne dépasse pas 300, et les machines à grande vitesse donnant plus de 500 tours. Dans la première catégorie, on peut ranger les modèles à échappement libre, types fixes, mi-fixes et locomobiles (montés sur roues pour le transport), et les types à distribution par soupapes, dont le système le plus connu est celui de Corliss. Le premier spécimen de Corliss date de l'année 1850, mais ce n'est qu'à partir de 1867 que le modèle dit à distribution *à lame de couteau*, a commencé de se répandre en raison de ses réelles qualités de régularité et d'économie. Il a été successivement amélioré et modifié par Wheelock, Riedinger, Farcot, Spencer et Inglis, Lecouteux et Garnier, Collmann, etc. Les quatre soupapes équilibrées, d'abord placées latéralement, ont été ensuite disposées au-dessus du cylindre, pour l'admission et au-dessous pour l'échappement. Les cames d'admission ne sont plus calées sur l'arbre de distribution, mais font corps avec une douille ne pouvant glisser sur l'arbre, le long d'une clavette ; elles sont taillées en surface hélicoïdale sur leur pourtour, de manière que la durée de l'admission varie avec leur position ; mais le côté d'ouverture qui détermine l'entrée de la vapeur est rectiligne. L'avance à l'admission est ainsi rendue constante, tandis que le moment de la fermeture varie suivant la quantité dont la came s'est déplacée le long de l'arbre.

Les machines à grande vitesse, qui ont eu un moment de grande vogue, avaient une consommation, par unité de travail, peu supérieure à celle des machines horizontales à distribution par tiroirs ou soupapes, et à longue détente. Elles fonctionnaient soit en compoud, soit à triple expansion, et pouvaient s'accoupler directement aux dynamos à conduire, mais elles tendent à céder la place aux turbo-moteurs. Les modèles qui ont rencontré le plus de succès en raison des avantages particuliers qu'ils présentaient, ont été ceux de Brotherhood, à trois cylindres, de Willans Robinson, de Westinghouse (types *Junior* et *Standard*), de Jacomy, de West, de Salomon et Tenting, dont les derniers sont même totalement oubliés maintenant, et doivent céder le pas aux machines à rotation directe, beaucoup plus simples et économiques.

Les turbines a vapeur. — L'Exposition Universelle de 1900 a donné la preuve que, dès ce moment, le moteur à piston avait atteint son point extrême de perfection et qu'il n'y avait plus désormais à espérer de nouveaux progrès dans ce système archiconnu et étudié dans ses plus infimes détails. On a donc été conduit à chercher dans une voie complètement différente, toujours dans l'espoir d'augmenter le rendement en travail de la chaleur dépensée, en même temps que diminueraient les dimensions et le poids par unité de puissance. Or, on peut dire que ces divers desiderata ont été atteints avec la turbine à vapeur, dont il existe maintenant de nombreux systèmes à très haut rendement et que l'on rencontre partout, principalement dans les stations centrales électriques.

Il existe deux genres bien tranchés de turbines ; le premier comprend les turbines dites *à action* ou *à impulsion*, dans lesquelles la vapeur préalablement détendue agit uniquement par sa vitesse sur une roue à aubes convenablement disposées. Les autres, dites *à réaction*, utilisent la vapeur partiellement détendue dans son trajet et laissent la détente s'opérer dans les aubages de la roue. Enfin, il est des systèmes mixtes participant à la fois des deux principes. Le problème à résoudre dans ces moteurs consiste donc dans la transmission de l'énergie cinétique partielle ou totale d'un jet de vapeur à une pression et une vitesse données, à une roue à aubes de laquelle la vapeur doit ensuite sortir avec une pression et une vitesse constantes et aussi réduites que possible. Le résultat est obtenu en subdivisant la chute de pression de la vapeur en un très grand nombre d'étages (80 dans les turbines Brown-Boveri-Parsons). Cette grande division a comme résultat. final une vitesse beaucoup plus faible dans les aubages, ce qui est une condition essentielle pour réaliser une construction simple et robuste.

La vitesse de la vapeur étant énorme et atteignant 1.200 mètres par seconde, avec une pression de 10 atmosphères à l'admission et une contre-pression d'un dixième d'atmosphère au condenseur, il en résulte que la vitesse tangentielle de la roue à aubes, et par suite son nombre de tours par seconde, soit très considérable. Mais les appareils à commander ne pouvant recevoir de semblables vitesses, qui atteignent 30.000 tours par minute dans la turbine Laval, il est indispensable d'imaginer des procédés pratiques pour ramener cette vitesse à un chiffre raisonnable. M. de Laval y est parvenu par l'interposition d'engrenages de réduction. D'autres constructeurs, Riedler-Stump, Curtis, Zoelly, Parsons, y sont arrivés par des méthodes plus scientifiques, par la subdivision en étages de pression et en étages de vitesse, et ils sont parvenus ainsi, non seulement à diminuer la vitesse jusqu'à 700 tours par minute, en même temps que la consommation de vapeur se trouvait réduite au-dessous de celle des meilleures machines à piston.

Les parties essentielles d'une turbine à vapeur sont constituées par le cylindre fixe avec ses aubes directrices, l'arbre, avec les aubes motrices, l'appareil d'admission et le mécanisme de distribution. Dans la turbine Brown-Boveri-Parsons, la quantité de vapeur admise, et qui varie suivant la charge extérieure, est introduite par bouffées séparées se suivant régulièrement à 1/4 ou 1/5 de seconde, et dont la durée est fixée par le régulateur, dont le jeu est très sensible. Ce système est remarquable par sa faible consommation de vapeur et d'huile, et son usure presque nulle, résultant de ce que le graissage des paliers est opéré sous pression (1 atmosphère et demie environ) et qu'il ne se produit aucun frottement entre les pièces en mouvement. Celles-ci travaillent avec un large cœfficient de sécurité résultant de ce que la pression est répartie également sur l'immense surface représentée par les ailettes.

Pour réaliser cette faible consommation de vapeur, qui se traduit par une sensible économie de combustible et une dépense bien moindre de ce fait, il est nécessaire d'opérer

l'échappement de la turbine dans un condenseur où un vide des 9/10 est maintenu. C'est
une difficulté, mais qui n'a rien d'insurmon-
table, bien qu'elle complique l'installation et
exige des pompes à air humide et à eau de
puissance en rapport avec celle de la turbine;
et la preuve en est fournie par ce fait, qu'après
avoir commencé avec de modestes machines
de 10 et 25 kilowatts, M. Parsons, le créateur
de la turbine à vapeur, est arrivé à établir
couramment des unités de 10.000 kilowatts,
telles que celles de l'usine Parisienne d'Elec-
tricité de Saint-Denis, et même de 20.000 che-
vaux. C'est surtout comme ensemble électro-
gène, turbo-dynamo ou turbo-alternateur, que
ces machines sont précieuses et montrent victorieusement leur supériorité sur les machines
à pistons bien plus volumineuses et plus coûteuses, à égalité de puissance.

Les turbines peuvent se contenter de vapeur
à basse pression provenant d'un moteur à piston ou de tout autre échappement de vapeur,
mais dans ce cas leur agencement est un peu
différent de celui des turbines à haute pression. M. l'ingénieur Rateau a fait connaître un
type remarquable de turbo-moteur à vapeur
d'échappement qui a reçu de nombreuses applications, notamment dans les mines du nord
et de Belgique.

CHAPITRE IV

Construction d'une petite Machine à vapeur
de démonstration

Nous avons étudié l'outillage nécessaire aux personnes désireuses d'occuper leurs loisirs à travailler le fer et les métaux, le bois, et nous allons examiner maintenant quels sont les ouvrages que ces personnes peuvent entreprendre et mener à bonne fin, avec un peu d'adresse et de persévérance.

Lorsque l'on aura acquis la sûreté de main nécessaire et l'habileté indispensable pour entamer un travail quelconque, quand on possédera la précision et la justesse qu'il faut absolument avoir pour s'occuper de mécanique et que l'on connaîtra les notions de dessin linéaire et de mécanique qu'il faut avant tout bien étudier, on pourra se mettre à l'œuvre et construire, soit une petite machine à vapeur, soit un moteur électrique, soit une machine outil quelconque.

MACHINE A VAPEUR. — Nous donnerons d'abord quelques renseignements sur les divers organes qui composent une machine à vapeur, lesquels fixeront l'amateur sur les conditions que doit remplir un modèle de machine pour bien fonctionner, ainsi que quelques indications pour la mise en marche et la conduite de ces modèles.

Les machines à vapeur sont basées sur l'emploi de la force élastique de la vapeur d'eau agissant sur un piston en lui imprimant un *mouvement rectiligne*, que l'on transforme ensuite par divers organes en un *mouvement circulaire continu.*

Pour arriver à ce but, il faut donc :

1° Produire de la vapeur d'eau ;

2° Etablir un mécanisme destiné à utiliser la pression de cette vapeur.

L'ensemble des appareils destinés à produire et à utiliser la vapeur d'eau prend le nom de *machine à vapeur.*

Nous allons commencer par étudier rapidement la production et l'emploi de la vapeur.

GÉNÉRATEURS OU CHAUDIÈRES. — Les appareils destinés à produire la vapeur sont désignés sous les noms de *générateurs* ou plus com-

munément *chaudières*. Il en a été proposé bien
des genres ; mais ils se composent tous d'un
ou plusieurs réservoirs contenant de l'eau et
un foyer renfermant le combustible.

La quantité de vapeur produite étant pro-
portionnelle à la *surface de chauffe*, les efforts
des ingénieurs se sont portés à obtenir une
grande surface dans un petit volume, surtout
lorsqu'il s'agit de construire les locomotives.

Pour les machines fixes, et lorsqu'on dispose d'un grand emplacement, on construit des
chaudières dites à bouilleurs. Ce sont plusieurs
cylindres ou réservoirs, ordinairement au nombre de trois, contenant l'eau à vaporiser, lesquels placés au milieu du foyer sont envelop-
pés d'une construction en briques *réfractaires*.
Ces réservoirs *communiquent toujours* entre
eux.

Lorsqu'il n'est pas nécessaire d'obtenir une
grande quantité de vapeur, comme cela a lieu
pour les modèles de démonstration, la chaudière se compose simplement d'un réservoir
cylindrique à eau placé sur le foyer ; la masse
d'eau est traversée par le tuyau de la cheminée. Lorsqu'il est nécessaire de produire plus
de vapeur, on augmente la *surface de chauffe*
en multipliant le nombre des tuyaux que la
flamme doit traverser. Les chaudières ainsi
disposées sont appelées *tubulaires*. Mais comme

le tirage, dans ces générateurs, a beaucoup perdu de son activité, on rend au feu son ardeur en laissant échapper la vapeur dans la cheminée, ce qui produit un tirage énergique.

En somme, on peut se résumer en disant que, dans les chaudières à bouilleurs, l'eau est *placée sur le feu ou dans le feu*, tandis que, dans les chaudières tubulaires, elle est *traversée* par le feu.

Etant donné que la vapeur d'eau possède une force élastique considérable, il a fallu munir les réservoirs et les générateurs de vapeur d'appareils destinés à vérifier l'intensité de la puissance produite et à en régler l'effort, tout en garantissant ces réservoirs eux-mêmes de tous dangers d'accident. Aussi toute chaudière est-elle munie des appareils de sûreté suivants :

Une soupape de sûreté à ressort ou à poids ;

Un manomètre pour indiquer la pression de la vapeur ;

Un niveau d'eau ;

Deux ou trois robinets de jauge ;

Un robinet de vidange ;

Un sifflet d'alarme ;

Un souffleur.

Nous allons dire quelques mots de chacun de ces appareils.

SOUPAPE DE SURETÉ. — Cette soupape, comme

son nom l'indique, est destinée à laisser *échapper la vapeur*, lorsque la *pression* dans la *chaudière* dépasse une certaine limite, *pression* qui pourrait occasionner la *rupture* des *tôles* ou parois de la chaudière.

Pour arriver à ce résultat, ces soupapes se composent d'un petit clapet rodé et bouchant un orifice percé dans une embase fixée à la chaudière ; ce clapet est maintenu, soit par un ressort, soit par un levier, à l'extrémité duquel est accroché un poids.

Il faut naturellement que la résistance de la soupape soit calculée pour que le clapet se lève aussitôt que la pression de la vapeur a atteint celle que doivent supporter *au maximum* les parois de la chaudière.

Manomètre. — C'est un appareil destiné à indiquer constamment la pression intérieure existant dans le générateur. Le modèle généralement adopté est celui de M. Bourdon, lequel se compose d'un tube circulaire, de surface méplate, dans lequel la vapeur, en pénétrant, tend à faire ouvrir plus ou moins le cercle formé par ce tube ; les mouvements du tube sont transmis à l'aiguille indicatrice par le moyen d'un levier ou d'une came engrenant avec un petit pignon denté. Les divisions portées sur le cadran indiquent, en kilogrammes, la pression exercée par centimètre carré sur les parois intérieures de la chaudière. Un tube muni d'un robinet relie le manomètre au réservoir de vapeur.

Niveau d'eau. — Le rôle de cet appareil est facile à comprendre, il indique le niveau de l'eau dans la chaudière. On ne doit jamais laisser descendre le niveau au-dessous de la prise basse du niveau ; de cette façon, on évite de brûler les tôles ou parois de la chaudière.

Pour obtenir un niveau constant, on emploie les pompes dites *alimentaires*, dont il est parlé plus loin.

Robinets de jauge et de vidange. — On remplace ou mieux on complète les indications du niveau d'eau par des robinets de jauge ou de vidange. Deux suffisent, l'un est placé vers le haut de la chaudière, au maximum du niveau que l'eau doit atteindre, l'autre dans le bas, appelé robinet purgeur ou de purge. Celui du haut doit toujours donner de la vapeur, et celui du bas, de l'eau.

Le robinet purgeur est un robinet à bec recourbé placé dans le bas de la chaudière, et qui sert à vider celle-ci de l'eau qu'elle contient, lorsqu'elle ne doit plus fonctionner. On l'ouvre quand il y a encore une certaine pression à l'intérieur, parce que l'eau est ainsi chassée avec force et entraîne avec elle les dépôts et les impuretés qu'elle tient en suspension, ce qui permet de conserver les parois propres et indemnes d'encrassements et d'incrustations, que l'on peut cependant atténuer en mêlant à l'eau de la chaudière la valeur d'une petite pomme de terre crue coupée par morceaux.

SIFFLETS. — Il en existe plusieurs modèles qui ont tous pour but de produire un son strident servant de signal, soit pour la reprise du travail, soit pour son arrêt. Ils se composent d'une petite cloche en bronze mince, que la vapeur fait vibrer en s'échappant. La sortie de cette vapeur est obtenue, soit par le jeu d'un levier, soit par l'ouverture d'un robinet. Les sifflets dits *d'alarme* sont munis d'un clapet et sifflent seuls lorsque le niveau de l'eau descend ou la pression s'élève dans la chaudière.

SOUFFLEUR. — C'est un tuyau partant de la chaudière et se rendant dans la cheminée ; le jet de vapeur sortant de ce tuyau sert à activer le tirage ; on en règle les effets à l'aide d'un robinet, dit robinet de vapeur.

POMPE ALIMENTAIRE. — Cette pompe actionnée par la machine elle-même, aspire l'eau dans un réservoir et la refoule dans la chaudière au fur et à mesure de sa transformation en vapeur. C'est grâce à elle que l'on peut obtenir une marche continue aussi longtemps que l'on entretient le feu dans le foyer.

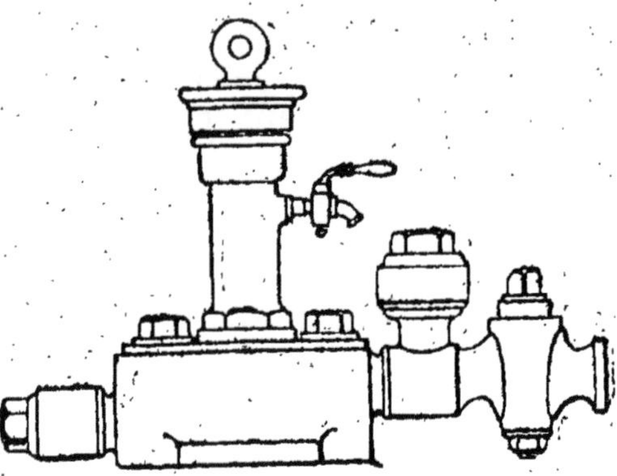

Fig. 12 — Pompe alimentaire.

MARCHE ET EFFET DE LA VAPEUR. — L'eau vient à la pompe par le tube et est conduite à la chaudière par le tube, lequel est terminé par un clapet permettant l'entrée de l'eau dans la chaudière, mais empêchant le retour de l'eau vers la pompe.

La vapeur arrivant de la chaudière par le tube entre dans la cage du tiroir.

Ce tiroir, construit en forme de coquille, découvre l'orifice d'admission. La vapeur s'introduit par cet orifice dans le cylindre et pousse le piston de bas en haut; l'air ou la vapeur contenus dans la partie supérieure du cylindre au-dessus du piston s'échappe par l'orifice, passe dans la coquille du tiroir, puis par l'orifice, pour en sortir à l'air libre.

Le piston en montant poussera la manivelle,

l'arbre tournera et l'excentrique fera descendre la coquille du tiroir.

Par suite l'orifice sera ouvert, et relié par la

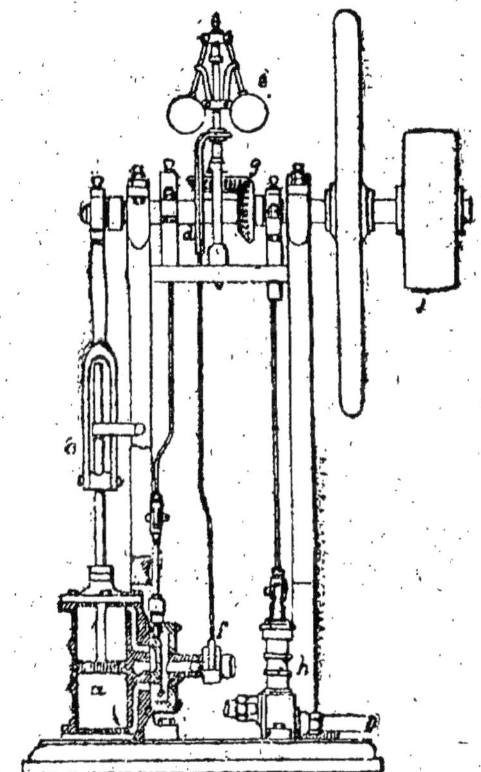

Fig. 13 — Mécanisme d'un petit modèle de moteur à vapeur, de démonstration.

coquille à l'échappement, l'orifice sera découvert, la vapeur venant de la chaudière passera par l'orifice et agira alors sur le dessus du pistion ; celle contenue sous le piston s'échappera par l'orifice.

Rien ne s'opposera donc à ce que le piston descende. En descendant, le piston fera continuer à la manivelle son mouvement de rotation et l'excentrique remontera la coquille du tiroir pour ouvrir la prise d'échappement et former l'ouverture d'admission. Le piston montera de nouveau ; le tiroir se déplaçant comme il a déjà été dit, le mouvement se continuera sans interruption.

La rotation de l'arbre portant le volant est obtenue par le mouvement alternatif (*mouvement rectiligne*) du piston poussé par la vapeur, tantôt de bas en haut et réciproquement, grâce au jeu de la coquille du tiroir. La tige de ce piston est reliée par une bielle articulée à la manivelle qui est fixée elle-même à l'extrémité de l'arbre (*mouvement circulaire continu*).

Le volant a pour action de faire passer les *points morts* et de régulariser les mouvements de la machine.

CONSTRUCTION D'UNE PETITE MACHINE A VAPEUR. — La marche la plus pratique à suivre pour la construction d'une petite machine à vapeur est certainement la suivante :

Acheter la chaudière brute, c'est-à-dire le cylindre en tôle d'acier ou en cuivre rouge, qui comprend six pièces, ainsi que le cylindre où glissera le piston, la bielle, les excentriques, la pompe alimentaire, le volant, le socle, les paliers en un mot, toutes les pièces telles qu'elles viennent de fonte et sans aucun travail manuel.

Cela acheté, on se met à l'œuvre et l'on commence par l'ajustage de la chaudière.

Supposons donc que l'on ait à terminer un cylindre de machine à vapeur. Quelle est la première opération à exécuter ?

DRESSAGE, RODAGE, ALÉSAGE, etc. — D'abord dresser les deux faces planes des cylindres à l'aide de limes douces.

Pour cela, on serre le cylindre entre les mâ-

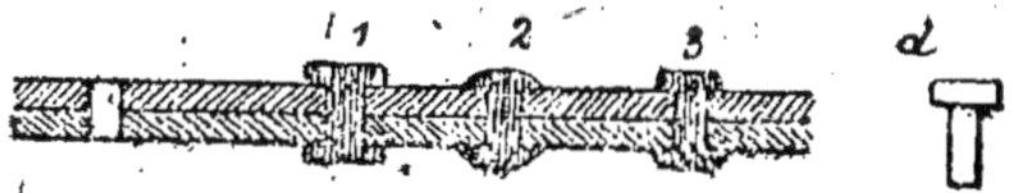

Fig. 14 — Rivetage des tôles d'une chaudière à vapeur. 1. Bouterolle — 2. Goutte de suif — 3. Tête de diamant — a. Rivet.

choires de l'étau et on le lime jusqu'à ce que l'on ait constaté l'horizontalité et l'égalité parfaite du plan.

Ceci fini, on procède au rodage et à l'alésage du vide intérieur du cylindre. Cette opération s'exécute sur le tour, à l'aide de mèches en acier appelées forêts et alésoirs.

L'alésage achevé on passe toutes les surfaces au papier de verre, puis au papier émeri, pour les égaliser et les polir.

Le cylindre terminé, il faut percer les lumières d'admission de vapeur à une place rigoureusement calculée, et à travers la masse même du métal. Pour cela, on trace sur la glace du tiroir, et en suivant bien exactement les indications du dessin, la place et la grandeur des trous, et on les perce, soit à l'aide d'un arçon ou d'un porte-forêt, soit sur le plateau de la petite machine à percer.

Un cylindre de moteur à vapeur brut se compose de six pièces que l'on doit travailler l'une après l'autre avant de procéder à l'ajustage. Après avoir tourné les joues et les plateaux

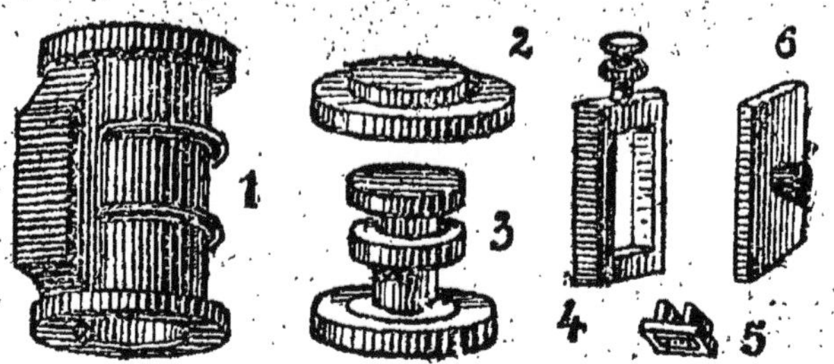

Fig. 15 — Les six pièces composant un cylindre de machine à vapeur avec son tiroir.

du cylindre, on perce à travers le couvercle un trou pour le passage de la tige du piston et de tous les écrous qui doivent le réunir au cylindre même ; on taraude tous ces écrous à part (ou mieux on les achète tout faits avec leurs boulons), on polit les surfaces frottantes du tiroir, et, lorsque tout le travail préparatoire est achevé, on procède à l'ajustage, qui s'opère dans l'ordre suivant :

AJUSTAGE. — Le couvercle avec son presse-étoupe est d'abord placé sur le cylindre, auquel on le rattache au moyen des petits écrous dont nous avons parlé.

On place ensuite dans le vide intérieur du piston, dont la tige traverse le presse-étoupe, et on dispose le couvercle ou *platine* inférieure, qui est rattaché également à l'aide d'écrous au cylindre où se meut le piston.

Le presse-étoupe du tiroir qui règle la distribution, est percé et alisé, la coquille est vissée à la tige de l'excentrique qui le traverse et qui doit s'articuler sur l'arbre moteur, et le tout est fermé par le couvercle de la boîte, qui prend le nom de *boîte à vapeur*, et dont les attaches sont aussi de petits écrous.

Dans ce travail de montage, d'ajustage, pour parler mieux, la réussite tient surtout à la patience comme à l'adresse des doigts.

Si la grandeur du générateur n'excède pas deux à trois litres de capacité, on peut se contenter d'un seul tube traversant la masse d'eau. Au-dessus de ce volume, il faut douze tubes, en laiton, de 3 à 5 millimètres de diamètre, à la place du tube unique. La chaudière doit être alors munie d'une grille pour brûler du charbon, tandis que, dans le premier cas, une simple lampe à alcool suffit.

Le système de chauffage et les tubes une fois installés, on place le tuyau souffleur dans la cheminée et on dispose sur le dessus les soupapes de sûreté et le manomètre. Ordinairement, on visse un *plot* sur le dôme et on taraude les pièces sur ce plot même.

Pour le niveau d'eau et les robinets de jauge, qui sont placés sur les côtés, on taraude la tôle et on visse les parties filetées des robinets.

La chaudière, ainsi munie de tous ses appareils de sûreté, est disposée sur le socle de fonte, auquel on la boulonne ; il ne reste plus qu'à installer le mécanisme moteur à côté d'elle.

Là la plus grande précision est nécessaire ; chaque pièce doit être travaillée à part sur le tour et sur l'établi, avec une rigoureuse exactitude.

Le cylindre doit être préparé le premier, avec le tiroir qui donne accès à la vapeur, tantôt sur une face du piston, tantôt sur l'autre et, à chaque fois, met l'issue contraire en communication avec le tuyau d'échappement.

Quand le cylindre est prêt, qu'il soit vertical ou horizontal, on installe à l'intérieur le piston qu'on a apprêté d'autre part, on dispose la glissière à l'extrémité de la tige qui traverse le presse-étoupe, on agence la bielle avec sa goupille et on articule le tout sur le coude de l'arbre moteur. Cet arbre est ordinairement soutenu entre des paliers en bronze qu'il a fallu alésés à l'avance et garnis de leurs coussinets. Il porte, à quelque distance du coude formant vilebrequin, les colliers des excentriques, dont les tiges manœuvrent la coquille du

Fig. 16 — Arbre coudé dn machine à vapeur.

tiroir ou le piston de la pompe alimentaire, et l'engrenage d'angle commandant le régulateur à boules.

On sait quel est le but de cet appareil imaginé par Watt, et qui met si ingénieusement à profit la force centrifuge. La valve, que ce régulateur commande, à l'aide d'une simple tige, est une pièce assez délicate à construire et à monter, car son jeu doit être aussi précis que possible, pour donner le résultat attendu, et conserver à la machine l'uniformité de sa vitesse.

Le mécanisme moteur, une fois terminé, est installé sur la plaque de fondation ou socle, près de la chaudière. On relie celle-ci au cylindre moteur à l'aide d'un tube de cuivre rouge muni d'un robinet. Un second tube se rend de l'échappement à la cheminée.

Pour les diverses descriptions relatives à la construction des modèles de machines à vapeur, nous nous sommes inspiré du catalogue de la maison Radiguet. Cette maison a créé, il y a déjà quelques années, une collection complète de tout le matériel nécessaire à ces constructions. Ces petites pièces parfaitement traitées remplissent toutes les fonctions pour lesquelles elles ont été établies. L'amateur peut donc, en toute sûreté, entreprendre la construction d'un modèle quelconque avec la certitude de réussir.

Conduite d'un modèle de machine a vapeur. — On commencera par huiler toutes les parties frottantes, soit avec de l'huile de pied de bœuf, soit avec de l'huile de pied de mouton.

Lorsque la machine sera chaude, il sera préférable de graisser la tige du piston et du tiroir avec du suif.

Ensuite on mettra l'eau dans la chaudière, on en versera une quantité variable entre la moitié et les trois quarts au plus de sa capacité, si la machine est chauffée à l'alcool, il faut que la flamme ne fasse que lécher le fond de la chaudière sans sortir par les orifices du tour du foyer.

Si la machine est destinée à être chauffée au charbon, le meilleur combustible est le petit charbon de bois, que l'on allume en dehors du foyer au moyen de braise.

Pour attendre moins longtemps, il est bon de mettre de l'eau chaude dans la chaudière. Lorsque l'eau commencera à chauffer, il faut ouvrir le robinet de prise et faire marcher la machine à la main pour que les tuyaux et le cylindre s'échauffent aussi, cela pour éviter la condensation au moment de la mise en marche ; on fermera le robinet de prise pour laisser monter la pression, on l'ouvrira de temps en temps, pour vérifier si la pression est suffisante pour faire marcher la machine.

S'il existe un manomètre, on pourra éviter cette précaution et attendre que ce dernier indique la pression pour laquelle la machine est faite.

S'il y a un souffleur, on en ouvrira le robinet lorsque la pression commencera ; le peu de vapeur qui s'en échappera, faisant aspiration dans la cheminée, produira un appel puissant qui activera le feu et fera monter la pression rapidement.

Les pompes alimentaires demandent une grande surveillance dans les grandes machines, à plus forte raison dans les petites, dans lesquelles il suffit de la plus petite ordure pour empêcher les clapets de fonctionner.

Il ne faut jamais graisser le presse-étoupe, l'huile au contact de l'eau forme de petites boules qui collent les clapets, il ne faut que mouiller le coton et faire en sorte que le réservoir fournissant l'eau de la pompe soit plus élevé, pour éviter que celle-ci ne se désamorce; au commencement de chaque opération, il faut dévisser les bouchons, roder les clapets avec un tournevis au moyen de la pointe ; revisser complètement le bouchon d'aspiration, visser incomplètement le bouchon de refoulement, mettre la machine en marche ; lorsque l'eau s'échappe avec force sous ce bouchon, le serrer à fond.

Si, pendant la marche, la pompe cesse de fonctionner, c'est qu'il est entré de l'air ; il faut alors dévisser légèrement le clapet de refoulement et agir comme ci-dessus.

Il faut apporter une grande attention au presse-étoupe : s'il est trop serré, il empêche la machine de marcher ; s'il ne l'est pas assez, l'air entre dans la pompe et l'empêche de fonctionner.

La boîte à clapets fixée sur la chaudière est destinée à retenir l'eau de celle-ci en laissant pénétrer l'eau refoulée par la pompe. Le clapet qu'elle contient devra être visité aussi souvent que ceux de la pompe et le rodage devra être fait avec le même soin. Il est nécessaire que les niveaux d'eau aient au moins un robinet de purge, parce qu'il s'y produit, à la partie inférieure, des bulles de vapeur qui faussent l'indication en soulevant la colonne d'eau. Chaque fois que l'on veut consulter ces indicateurs, il faut donc ouvrir le robinet de purge, puis le refermer : à ce moment l'indication sera juste.

Pour ce qui concerne les soupapes, il est bon que leur siège soit toujours soigneusement nettoyé. La vapeur, en fusant, entraîne toujours avec elle un sédiment qu'il faut enlever chaque fois que l'on va mettre la machine en pression. L'opération, d'ailleurs, est très simple, car il suffit de faire frotter le clapet sur la base de la soupape, en le roulant avec les doigts.

Tels sont les conseils pratiques que nous pouvons donner pour la conduite des petites machines à vapeur.

L'amateur qui est parvenu, en suivant ces conseils, à construire et à monter une petite machine à vapeur, peut ensuite aborder des travaux plus difficiles, tels que la construction d'une locomotive ou d'un bateau à vapeur de démonstration.

CONSTRUCTION D'UNE LOCOMOTIVE. — Au lieu

de faire actionner par le piston-moteur un arbre coudé supportant un volant de fonte et une poulie de transmission, il s'agit de faire tourner avec l'arbre les roues qui s'y trouvent calées, et qui, par leur adhérence sur le sol, feront avancer avec elles la chaudière et le mécanisme moteur qu'elles supportent.

CONSTRUCTION D'UN PETIT BATEAU A VAPEUR. — La machine à vapeur telle qu'on l'a construite, peut parfaitement agir sur un arbre cylindrique muni d'un volant à l'extrémité duquel se trouve une hélice dont les ailes prennent un point d'appui sur l'eau en tournant, et font progresser tout le système.

On trouve la coque du bateau toute prête chez les marchands, et l'amateur peut y installer parfaitement son moteur. L'arbre de l'hélice sort du bateau par un orifice à presse-étoupe et fait tourner le propulseur au sein de l'eau.

SERRURERIE D'AMATEUR. — La serrurerie comprend la fabrication des ouvrages en fer forgé qui s'emploient dans les constructions, les mécaniques, etc., autres que ceux qui constituent la construction des machines proprement dites.

Maintenant que l'amateur connaît le maniement et le fonctionnement des principaux outils et des machines indispensables au travail du fer et des métaux, il pourra procéder méthodiquement pour arriver à un résultat satisfaisant.

SERRURE. — De tous les ouvrages de serrurerie, celui qui demande le plus d'habileté et d'adresse chez l'amateur, celui qui exige le plus d'attention pour sa bonne exécution et sa sûreté ; c'est sans contredit la serrure.

Notre intention n'est pas de décrire ici les innombrables serrures inventées jusqu'à ce jour ; nous nous contenterons d'énumérer les différentes pièces qui entrent dans une serrure.

Tout le mécanisme est enfermé dans une boîte en fer nommée *palâtre*. Cette boîte se compose d'un fond rectangulaire sur lequel sont appliqués les côtés relevés, le plus haut, à travers lequel passe le *pêne*, se nomme le rebord ; les trois autres côtés composés d'une feuille de tôle forment ce qu'on appelle la *cloison*. Cette feuille de tôle porte de petites queues saillantes que l'on rive sur la palâtre ; la palâtre et la cloison sont donc assemblées d'une manière très solide. Le *pêne* de la serrure est une espèce de verrou que met en mouvement la clef. La tête du pêne est la partie qui sort de la serrure et qui vient s'engager dans la *gâche*, petit crampon fixé à vis ou à scellement sur le battant de la porte. La queue du pêne porte, d'un côté, des parties saillantes nommées *barbes du pêne*, sur lesquelles la clef agit, et de l'autre, des encoches dans lesquelles tombe un ergot qui termine un ressort appelé *l'arrêt du pêne*. Le pêne est simple ou fourchu, selon que la tête est d'un seul morceau ou formée de plusieurs dents.

Enfin, dans l'intérieur de la serrure, se trouvent certaines pièces de tôle contournées, qui s'accordent avec les découpures faites à la clef ; c'est ce qu'on appelle les *gardes* ou *garnitures* de la *serrure* ; ces gardes s'opposent au mouvement de toute clef qui n'aurait pas les entailles nécessaires.

La clef se compose de l'anneau où on applique la main, du *canon* si elle est forcée, ou du *bout*, si elle ne l'est pas et du panneton.

CHAPITRE V

Le Dessin et l'Horlogerie d'amateurs

Nous venons de voir quel est l'outillage nécessaire aux amateurs, de plus en plus nombreux chaque jour, et qui désirent, soit comme
récréation, soit par nécessité, et pour réaliser
une idée, établir eux-mêmes une pièce de mécanique. Supposons donc que l'amateur auquel
nous nous adressons est parvenu à acquérir
l'habileté manuelle nécessaire pour mener son
travail à bien et, qu'après avoir gâché un certain nombre de morceaux de bois ou de métal,
il lui est possible d'entreprendre, avec chance
de succès, un ouvrage plus ou moins compliqué.

Lorsqu'on veut s'occuper de mécanique ou
d'horlogerie, il est indispensable, nous le répé-
tons, d'avoir quelques notions de dessin linéaire. Il n'est pas de rigueur de dessiner
comme un ingénieur sortant de l'Ecole Centrale, mais il est bon de savoir tenir un crayon

et un tire-ligne, prendre une mesure avec exactitude et manier le compas. Le dessin linéaire
est surtout une œuvre de soin et avec un peu
de persévérance, on obtiendra bien vite un résultat satisfaisant. D'ailleurs ce genre de dessin est maintenant enseigné dans toutes les
écoles, et il suffit d'en avoir une légère tein-
ture pour établir le plan de la pièce qu'on veut
édifier.

On établit d'abord le dessin en élévation et
en plan de la machine complète, en marquant
à l'encre rouge les dimensions de chacune des
pièces, quand le dessin est fait à l'échelle, et
non de la même grandeur que la machine à exécuter. Cet ensemble une fois posé, on dessine
sur des feuilles détachées chacune des pièces.
D'abord la pièce complète, puis à côté, chacun
des morceaux devant la constituer, avec les
cotes. Autant de pièces, autant de dessins.

ÉLÉMENTS DE DESSIN LINÉAIRE GÉOMÉTRIQUE.
— La science du dessin linéaire géométrique
n'est pas très difficile à acquérir, surtout pour
une personne un peu attentive et déjà habituée
à quelque précision dans son travail. Nous ré-
sumerons ici, d'après une étude que nous avons
publiée dans notre *Formulaire de l'Ouvrier,* les
éléments du dessin mécanique usuel, qu'il est
bon de connaître, lorsqu'on veut exécuter des
pièces de machines quelconques.

OUTILLAGE. — Tout d'abord il faut se munir des outils indispensables à l'exécution des dessins, c'est-à-dire :

Un té, deux équerres, l'une à 60 degrés, l'autre à 45°, en bois de poirier.

Une planche à dessiner de grandeur convenable.

Une boîte de compas, comprenant un compas

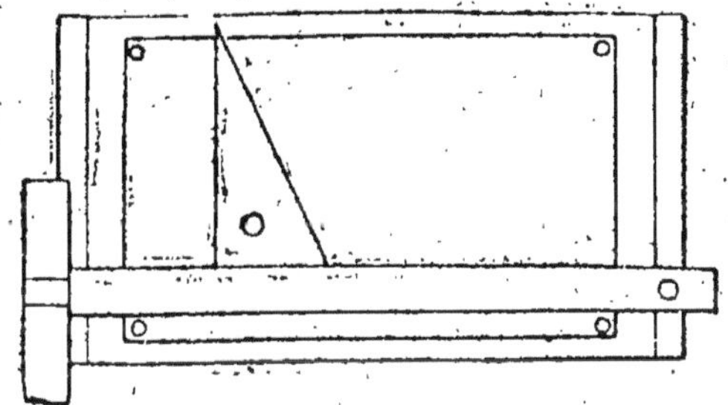

Fig. 17 — Planche à dessin, té et équerre.

de proportion (ou de réduction), un compas à pointes sèches, un compas démontable avec porte-crayon et tire-ligne, un compas balustre à ressort, également démontable et un ou deux tire-lignes.

Un double-décimètre, un rapporteur en corne, un godet à encre de Chine.

Enfin des crayons de bonne qualité (mine de plomb) que l'on aura soin de tenir constamment très pointus, en les taillant et frottant ensuite la mine sur une lime usée, ou un morceau de toile émerisée, moyennement fine, puis des *punaises*, pour fixer la feuille de papier sur la planche à dessin.

(PREMIERS EXERCICES. — Ayant fait choix d'une feuille de papier blanc bien collé et assez épais, que l'on fixe sur la planche au moyen de punaises en cuivre enfoncées aux quatre angles, on met le té en place, sa branche courte à gauche de la planche, puis on s'exerce d'abord à tracer des lignes droites au crayon, en suivant bien exactement l'arête du té. Lorsqu'on sait tracer des lignes parallèles, on prend l'équerre, que l'on applique sur l'arête du té, comme le montre la fig. 17 ci-dessus, et on trace des lignes en suivant avec le crayon l'arête de gauche de l'équerre. On fait ensuite glisser l'équerre le long du té, en la maintenant toujours bien appliquée contre celui-ci, et on trace une autre ligne. Les lignes établies en suivant le té étant horizontales, celles marquées en suivant l'équerre seront verticales et perpendiculaires à celles du té. Si les outils sont justes, on pourra, par leur seul emploi, tracer toutes les lignes du dessin perpendiculaires les unes par rapport aux autres.

On peut obtenir le même résultat en se servant d'une règle plate au lieu d'un té et d'une équerre, ou plus simplement encore de deux équerres, mais le té procure une plus grande commodité, car on peut le déplacer à volonté, tout en le maintenant toujours parallèle en lui-même.

Quand on sait se servir du té et des équerres, on apprend le maniement des compas : le modèle à pointes sèches sert exclusivement à prendre et à reporter des distances sur le pa-

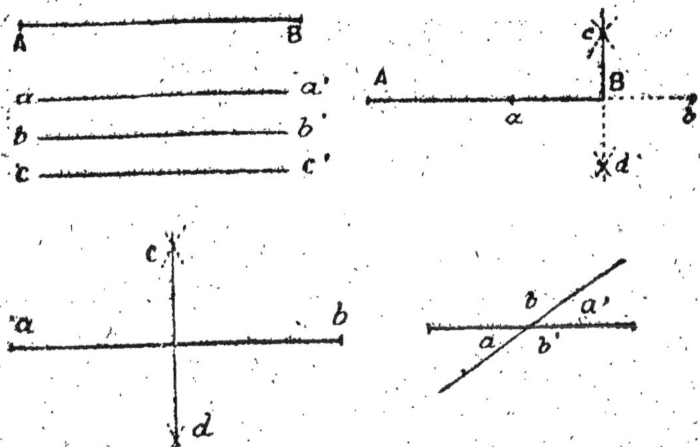

Fig. 18 à 22 — A B, ligne droite ; *abc a'b'c'*, lignes parallèles ; lignes perpendiculaires ; angles.

pier, celui à porte-crayon à tracer les courbes, arcs de cercle, circonférences, et celui à tire-ligne, à établir le dessin définitif à l'encre de Chine en recouvrant exactement le tracé au crayon préparatoire.

FIGURES GÉOMÉTRIQUES PERPENDICULAIRES. — Un dessin se compose uniquement de lignes droites et de lignes courbes, les premières étant parallèles ou perpendiculaires, ou encore faisant des angles variés entre elles.

Des lignes sont parallèles entre elles lorsque prolongées, même à l'infini, elles resteraient au même écartement, tels sont les rails d'une voie ferrée.

Pour tracer une perpendiculaire au milieu d'une ligne droite A B (fig. 20), on prend le compas à crayon et on l'ouvre d'une grandeur égale à peu près aux deux tiers de la longueur de la ligne A B, puis, du point A comme centre, on trace deux petits arcs de cercle en haut et en bas de la ligne. On fait de même du point B comme centre et ces deux nouveaux arcs viennent couper les premiers en *a* et en *b*. A l'aide de l'équerre, on trace une ligne qui passe bien exactement aux points d'intersection, et l'on obtient ainsi deux lignes rigoureusement perpendiculaires, autrement dit faisant entre elles un angle droit ou de 90 degrés. La ligne A B est divisée en même temps en deux parties égales.

Si, au lieu d'établir une perpendiculaire au milieu de la ligne droite A B, on veut la tracer en un point quelconque de cette ligne, par exemple en *a* (fig. 21), on commence par reporter à gauche du point *a*, une distance de compas égale à *a* B, ce qui donne un point *b*. De ces deux derniers points *b* et B comme centres, avec une ouverture de compas plus grande quë *b* B on trace, au-dessus et au-dessous de la ligne A B, des arcs de cercle qui se coupent deux à deux. On fait passer une ligne droite par ces points d'intersection, et on obtient une perpendiculaire qui coupe la ligne AB au point *a*.

ANGLES. — Ainsi que nous venons de le dire, deux lignes se coupant perpendiculairement, font entre elles un angle droit, ou, pour être plus exact, quatre angles droits, qui sont (fig. 22), formés respectivement chacun, des lignes A C, A D, C B et D B. Si les lignes ne se coupent pas perpendiculairement, elles forment, non plus des angles droits, mais deux angles aigüs et deux angles obtus opposés deux à deux, *aa*, *bb*.

L'ouverture d'un angle se mesure à l'aide du rapporteur, petit instrument en corne, en forme de demi-cercle, dont le pourtour porte une graduation en *degrés*. On est dans l'usage de diviser une circonférence en 360 parties égales appelées degrés ; par conséquent, un cercle coupé en deux comporte 180 degrés et un quart de cercle, coupé par deux lignes perpendiculaires entre elles, 90 degrés. Un angle aigü comporte donc moins de 90 et un angle obtu plus de 90 degrés.

TRIANGLES. — Le triangle est une surface à trois côtés. Le triangle, dont deux côtés font entre eux un angle droit, est dit *rectangle* ; si les trois côtés sont égaux, c'est un triangle *équilatéral* ; si deux côtés seulement sont

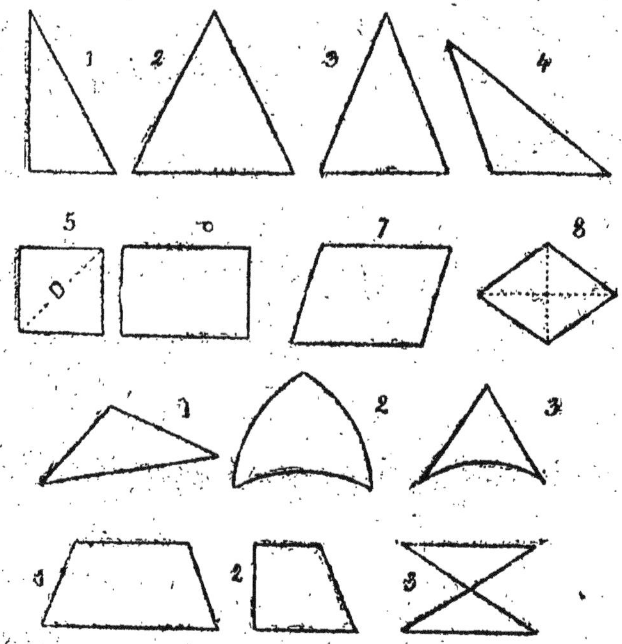

Fig. 23 — Figures géométriques diverses :
1. Triangle-Rectangle ; 2. Équilatéral ; 3. Isocèle ;
4. Scalène ; 5. Carré (*D* diagonale) ; 6. Rectangle ;
7. Parallélogramme ; 8. Losange.
1. Triangle rectiligne ; 2. Triangle curviligne ;
3. Trianble mixtiligne.
1 et 2. Trapèzes ; 3. Trapézoïde.

égaux, il est *isocèle*. Lorsque les trois côtés sont inégaux, le triangle est *scalène*. Un triangle composé de trois lignes droites est *recti-*

ligne, *curviligne* s'il est formé de lignes courbes, et *mixtiligne* s'il comporte des lignes droites et des lignes courbes. Enfin un triangle *sphérique* est une figure formée, sur la surface d'une sphère, par trois arcs de grand cercle qui se coupent.

QUADRILATÈRES. — On désigne sous le nom de *quadrilatère* des surfaces ou polygones à quatre côtés. Les principaux quadrilatères sont : 1° *le carré*, dont les quatre côtés sont égaux et les angles droits ; 2° *le rectangle*, dont les côtés sont parallèles et égaux deux à deux ; 3° *le parallélogramme*, dont la définition est la même que le rectangle, sauf que ses côtés ne forment pas d'angles droits ; 4° *le losange*, et 5° *le trapèze*, dont il existe deux variétés, le trapèze *isocèle*, dont les deux côtés non parallèles sont égaux, et le trapèze *rectangle*, dont l'un des côtés non parallèles est perpendiculaire aux bases.

POLYGONES. — Les polygones sont des surfaces fermées par des lignes plus ou moins nombreuses. Ils portent les noms suivants, suivant le nombre d'angles ou de côtés qu'ils comportent :

Polygone à 5 côtés............ *Pentagone.*

— 6 — *Hexagone.*

— 7 — *Heptagone.*

— 8 — *Octogone.*

Polygone à 9 côtés......... *Ennéagone.*
— 10 — .... *Décagone.*
— 12 — .... *Dodécagone.*
— 15 — .... *Pentédécagone.*

Les polygones sont dits *réguliers* lorsque leurs côtés et leurs angles sont égaux. Pour

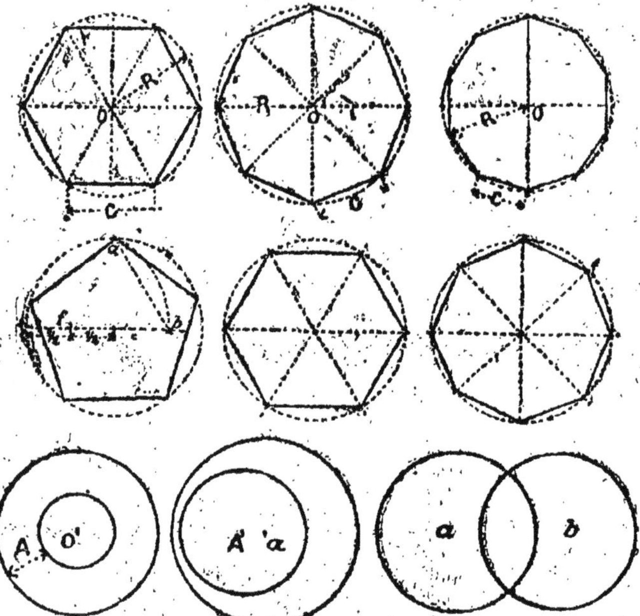

Fig. 24 et 25 — *Polygones :* Hexagone, octogone, décagone, pentagone. *Cercles :* Circonférences concentriques, excentriques, sécantes.

effectuer leur tracé, le plus simple consiste à les *inscrire* à l'intérieur d'un cercle. On commence donc par tracer une circonférence avec

le compas à porte-crayon, puis on divise, avec
le compas à pointes sèches, cette circonférence
en autant de parties que le polygone compte

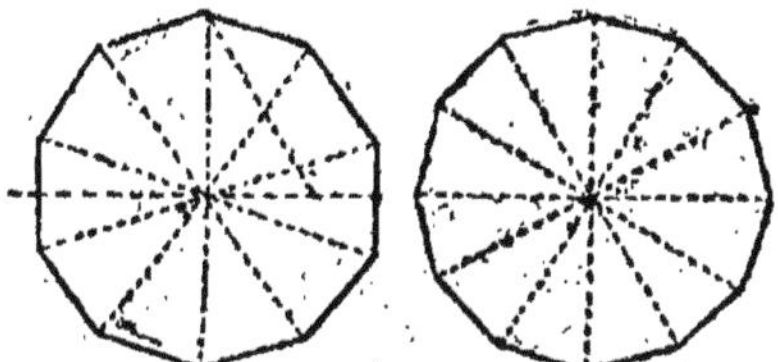

Fig. 27 — Dodécagone   Fig. 28 — Décagone

de côtés. On joint, par les lignes tracées à l'aide
de l'équerre, tous ces points, et le polygone est
exécuté.

CIRCONFÉRENCE. — La circonférence est une

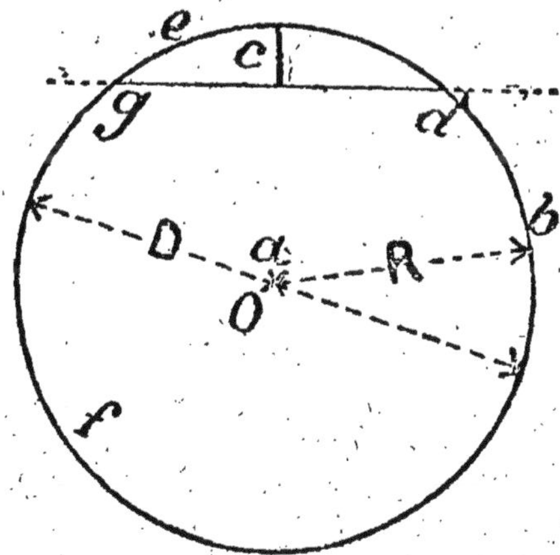

Fig. 29 — Circonférence.

ligne courbe fermée, dont tous les points se
trouvent à égale distance d'un point intérieur

O, appelé *centre*. Une ligne droite partant de ce centre et aboutissant à la circonférence en un point quelconque de celle-ci, par exemple O C, constitue un *rayon* R. En prolongeant cette ligne, jusqu'au point opposé de la circonférence, on trace un *diamètre* D, qui partage la circonférence en deux parties égales A B.

Une ligne droite partageant la circonférence en deux parties, mais sans passer par le centre, est une *sécante* ou une *corde g d* (fig. 29). Si sur cette corde on élève une perpendiculaire *c* venant aboutir à la circonférence, cette ligne *c* est une *flèche*. La portion de circonférence *e* limitée par la corde *a b* est un *arc de cercle*.

Une ligne qui ne touche extérieurement une circonférence qu'en un point est une tangente *t*. Deux circonférences peuvent être également tangentes, du moment qu'elles ne se touchent que par un point de leur contour ; si elles pénètrent l'une dans l'autre, elles sont dites alors *sécantes* (fig. 25).

Deux circonférences ayant le même centre sont *concentriques* ; lorsque les centres ne coïncident pas, elles sont alors *excentriques*. La surface enfermée à l'intérieur d'une circonférence porte le nom de *cercle*, et celle limitée entre deux circonférences concentriques est dite *couronne*.

Courbes géométriques. — Le dessinateur exécutera, pour se familiariser avec le maniement des compas, de nombreuses circonférences, tangentes, concentriques, excentriques,

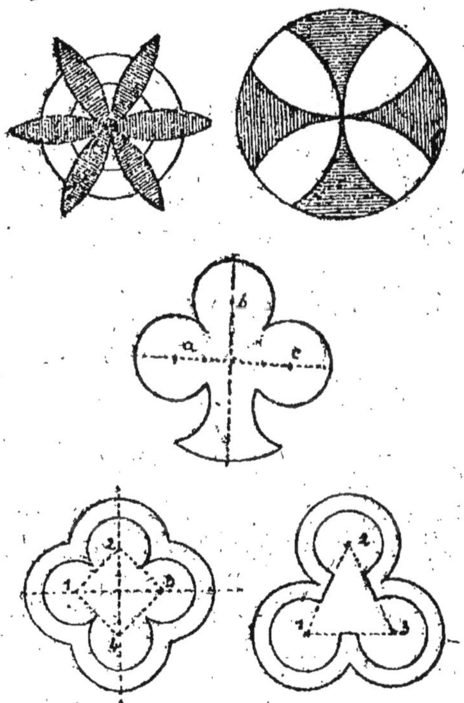

Fig. 30 — Rosaces, formes diverses, et trèfles (Exercices de dessins géométriques au compas).

des rosaces simples, doubles, multiples (fig. 30), des trèfles, des ogives, enfin toutes les combinaisons possibles du cercle. Une fois habitué à l'outil, le débutant s'appliquera à reproduire les courbes géométriques suivantes :

La *spirale* qui se trace en pressant deux,

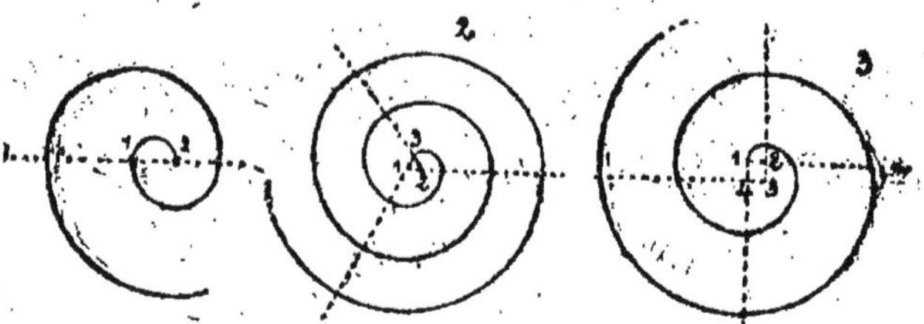

Fig. 31, 32, 33 — Spirales à 2 centres, à 3 centres, à 4 centres.

trois ou quatre centres, ainsi que le montrent les figures 31, 32 et 33, l'*hélice*, qui se forme

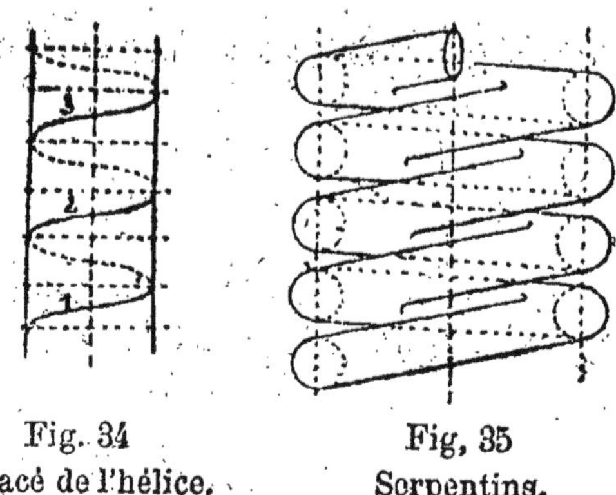

Fig. 34
Tracé de l'hélice.

Fig. 35
Serpentins.

comme un pas de vis autour d'un cylindre, l'*ovale*, qui se trace avec quatre centres pris sur deux lignes perpendiculaires, et l'*ove* qui rappelle la forme de l'œuf. Ces deux dernières figures s'obtiennent comme suit.

OVALE. — Sur une ligne droite horizontale, on prend un centre O et on décrit une circonférence, coupant cette droite au point *d*. De ce point comme centre, et toujours avec la même ouverture de compas, on décrit une circonférence coupant la première en deux points *a* et *b* (fig. 36). De ces points comme centres, et avec une ouverture de compas convenable, on trace deux arcs de cercle de raccordement réunissant les circonférences, et la courbe se trouve terminée.

Pour l'*ove*, on trace d'abord deux lignes per-

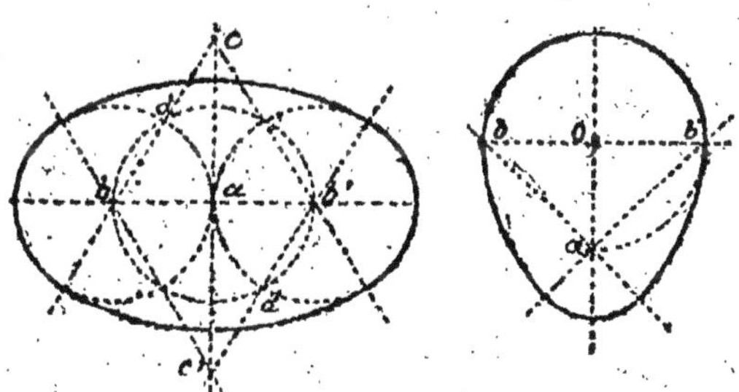

Fig. 36 — Ovale.   Fig. 37 — Ove.

pendiculaires, puis du point de croisement de ces deux lignes comme centre, on trace une circonférence qui vient couper la ligne verticale en *a* et la ligne horizontale en *b* et en *c*.

De chacun de ces points comme centres, et avec une grandeur de compas égale à *b c*, on décrit deux arcs de cercle, puis, du point *a* comme centre, un arc de cercle de raccordement reliant ces deux arcs ; la courbe est achevée.

L'*ellipse* est une courbe fermée comme les deux précédentes et tous ses points se trouvent à égale distance de deux points intérieurs nommés *foyers de l'ellipse*. Pour tracer une ellipse, on comemnce par déterminer la longueur du *grand axe* A B (fig. 38), puis du petit axe C D,

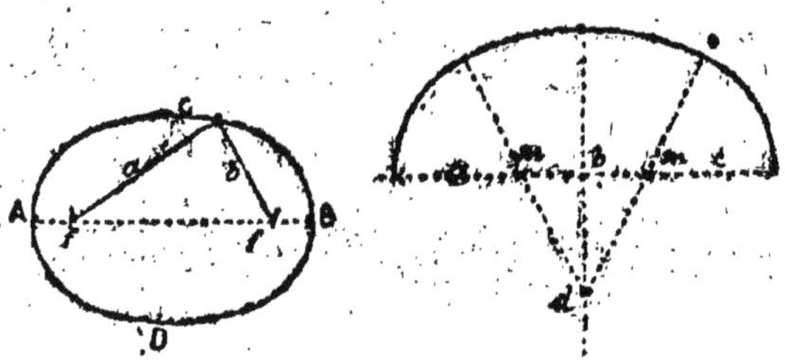

Fig. 38

Tracé de l'ellipse.

Fig. 39

Courbe dite en anse
de panier.

et l'emplacement des foyers sur le grand axe. Pour cela on divise en deux parties le petit axe C D et, du point de croisement O des axes on reporte à droite et à gauche cette grandeur, ce qui donne les foyers F F situés aux deux tiers de la demi-longueur du grand axe. Pour tracer ensuite en quelque sorte automatiquement la courbe, on procède d'une manière analogue à celle des jardiniers.

On prend un fil mesurant exactement la longueur du grand axe de l'ellipse, et on le fixe à ses deux extrémités aux points fixes F F, à l'aide d'épingles enfoncées verticalement dans la planche à dessin. On tend ensuite le fil à l'aide de la pointe d'un crayon et on trace la demi-ellipse supérieure de A à B en passant par l'extrémité du petit axe C, puis l'autre moitié de l'ellipse en déplaçant le crayon de A à B en passant par D. On peut aussi utiliser l'instrument appelé *ellipsographe*.

La parabole, *l'hyperbole*, *l'anse de panier*, sont des courbes ouvertes. Cette dernière employée surtout en architecture pour les voûtes; elle s'obtient comme suit : on divise une ligne droite horizontale en trois parties égales (fig. 0) AB, BC, CD. On divise ensuite AD en deux parties et on élève une perpendiculaire au point de division obtenu, puis on reporte la longueur AB sur cette ligne, au-dessous de l'horizontale. On obtient ainsi le point F. De ce point, on fait partir deux lignes F B et F C qui limiteront les arcs de cercle de raccordement. De B et de C comme centres, avec une ouverture de compas égale à AC, on décrit deux quarts de circonférence s'arrêtant aux lignes **F B** et **F C**, puis, du point F comme centre avec une ouverture de compas convenable on trace un arc de cercle qui relie les deux quarts de circonférence. On obtient ainsi la courbe dite en *anse de panier*.

Pièces de mécanique. — Lorsque le débitant est parvenu à exécuter correctement toutes les figures géométriques qui viennent d'être passées en revue, il peut s'essayer à reproduire les pièces de mécanique les plus simples : boulons, rivets, vis, etc., en les représentant dans deux ou trois plans différents pour les montrer sous tous leurs aspects, autrement dit en *élévation*, vus de face et de côté, et si c'est nécessaire, en *plan* (vue par dessus, et en *coupe*, pour indiquer les détails intérieurs.

Le boulon est l'une des pièces les plus faciles à représenter. On commence par tracer une ligne droite A B, appelée *axe*, sur laquelle on prend le centre d'une circonférence, à l'intérieur de laquelle on inscrit un hexagone régulier. Une seconde circonférence, concentrique à la première, représente la tige centrale filetée du boulon. La vue de face étant obtenue, on établit la vue de côté de la pièce, et pour cela, on reporte, à droite et à gauche de l'axe, les dimensions correspondant à la tige et aux arêtes du boulon. On trace au crayon les lignes horizontales, puis les lignes verticales limitant la longueur de la tête de boulon et de sa tige filetée dont on imite les filets par une série de lignes obliques parallèles. Si le boulon comporte un écrou, on dessine ce dernier exactement de la même manière qui vient d'être indiquée. (fig. 00).

On dessine de même des rivets à tête hémisphérique (goutte de suif), fraisée ou conique, puis des vis à filets triangulaires ou carrés, des serpentins roulés en hélices plus ou moins allongées, des engrenages, etc.

Pour les vis, on détermine d'abord le *pas*, puis l'épaisseur du filet et ces dimensions sont reportées à droite et à gauche de l'axe, sur les lignes verticales correspondant à la largeur du filet et au diamètre de la vis. On trace à l'équerre le contour des filets triangulaires, puis on réunit les trois lignes représentant ce filet au trois lignes du filet en regard, par des droites.

Les vis à filets *carrés* peuvent être simples, doubles ou triples, c'est-à-dire constituées par une, deux ou trois hélices en saillie enroulées parallèlement autour d'un noyau cylindrique. Comme pour les précédentes, le pas étant connu, on trace les lignes représentant le contour du filet soit à l'équerre soit à la main si l'on veut être plus exact et mieux représenter les courbes hélicoïdales des filets.

Les engrenages exigent une étude assez longue, car il est nécessaire d'arriver à représenter correctement les divers systèmes de dentures ; les systèmes les plus usités sont l'engrenage *droit*, l'engrenage *oblique* ou d'angle, l'engrenage à vis sans fin et l'engrenage à chevrons. Pour dessiner des engrenages droits, on commence par tracer les deux cercles corres-

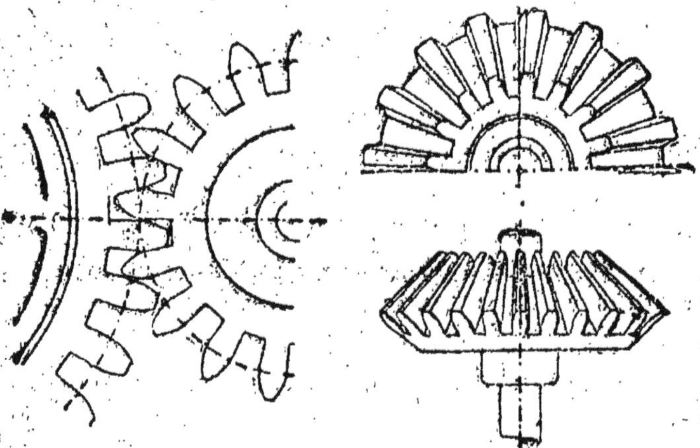

Fig. 40 — Tracé des engrenages droits.
Fig. 41 et 42 — Engrenages d'angle (face et côté).

pondant aux épicycloïdes de révolution de la roue principale et du pignon en rapport, et l'on reporte sur ces circonférences, avec le compas à pointes sèches, les divisions correspondant à l'épaisseur des dents et des vides les séparant. On trace ensuite deux cercles concentriques représentant le creux des dents et leur saillie, puis on trace au compas le contour des dents avec une ouverture de compas égale à la largeur de celle-ci ; on raccorde ensuite chaque arc de cercle ainsi décrit avec la circonférence représentant le creux des dents. On termine en dessinant les bras de la roue dentée et du pignon et les moyeux.

Les engrenages d'angle, ou *coniques*, se présentent sous deux aspects, de face ou de côté. Dans le premier cas, la roue dentée se dessine comme un engrenage droit, puis on ajoute l'épaisseur des dents et leur profondeur (fig. 41). Le pignon commandé s'applique en avant de la roue dentée de commande ; ses dents sont de la même hauteur que les dents de celle-ci ; leur creux est représenté tel qu'il est vu dans la réalité. Si les roues constituant le harnais ou train d'engrenages sont toutes dessinées vues de côté, elles se présentent par conséquent sous l'aspect de la figure 42.

La vis sans fin et son pignon se dessinent, l'une comme une vis à filets carrés, l'autre comme une roue à denture droite, mais avec la projection de la profondeur des dents. Quant aux roues à chevrons, elles possèdent un profil tout particulier, en forme de V ; ce genre d'engrenage est usité dans les machines puissantes.

et chaque fois qu'il est nécessaire d'avoir une transmission aussi peu bruyante que possible.

Lorsque le mécanicien est parvenu à reproduire correctement ces pièces de mécanique usuelles, il peut entreprendre la copie d'organes plus compliqués, tels que régulateur à force centrifuge, coulisse de distribution de vapeur, etc., et arriver à réussir les dessins les plus difficiles et les plus compliqués.

ÉTUDES DE MACHINES. DESSINS D'EXÉCUTION. — S'il s'agit de réaliser une conception nouvelle, par exemple un moteur à pétrole que l'on veut faire construire, on commence par faire un croquis de l'ensemble de la machine, simplement à main levée, sur une feuille de papier quadrillée, dont le quadrillage est à l'échelle métrique. On peut faire ce croquis à la grandeur d'exécution ou à l'échelle de la moitié, du quart, du cinquième, du dixième ou de tant de millimètres par mètre.

Une fois en possession de ce croquis, on peut exécuter le dessin définitif, à la règle, au té ou à l'équerre, en cotant toutes les dimensions des pièces à l'encre rouge. On fait au moins trois vues : une en élévation de côté (profil en long), une vue de face (profil en travers), et une en plan, puis on complète, si c'est nécessaire, par des coupes suivant l'un ou l'autre de ces plans,

en mentionnant toutes les dimensions par des
cotes métriques. Si la machine est compliquée,
on établit des dessins pour chacune des pièces
la constituant. Ces pièces sont numérotées sur
le dessin d'ensemble, et l'on se reporte à chaque dessin de détail pour l'exécution succes-
sive des pièces. Si celles-ci doivent être réali-
sées par des ouvriers, on calque les dessins
originaux, et l'on tire de ce calque le nombre
d'épreuves nécessaire sur papier au ferro-
prussiate, d'après les procédés ordinaires.

HORLOGERIE DE L'AMATEUR. — Aujourd'hui
tout le monde possède une montre, — plus ou
moins bonne, — dans son gousset, et une pendule sur sa cheminée, souvent aussi un coucou
et un réveille-matin, instrument utile au premier chef. Chacun doit savoir, au moins d'une
façon générale, de quoi se composent ces appareils de mesure, et comment ils fonctionnent.
C'est pourquoi nous rappellerons ici, pour les
amateurs, les notions fondamentales qu'une
personne intelligente peut facilement deviner
par elle-même.

Tout indicateur du temps se compose de
trois pièces essentielles : le *moteur*, le *régulateur* et l'*échappement*.

Le moteur ordinaire des coucous et des
grosses horloges, est un poids suspendu au
bout d'une corde enroulée autour d'un treuil;

pour les pendules et les montres, c'est toujours un ressort, longue lame d'acier roulée sur elle-même en spirale et enfermée dans une boîte cylindrique appelée *barillet*. Le ressort est le seul genre de moteur qui puisse remplir les conditions de durée nécessaire pour les appareils d'horlogerie. Il développe une force décroissante en se débandant, et c'est lui qui fait tourner les différents engrenages en agissant à intervalles mesurés par le *régulateur* et transmis par l'échappement qui sert d'intermédiaire.

Comme on le voit, le ressort n'est pas à proprement parler un moteur, mais bien un accumulateur qui permet d'emmagasiner une force mécanique que l'on peut dépenser ensuite à volonté. Dans les premiers instants où il commence à se dérouler. L'*échappement* est la troisième pièce complétant les appareils de chronomètre. Son but est de procurer entre le dernier rouage et le régulateur une action réciproque par suite de laquelle le balancier rend ce mouvement uniforme, tandis que, d'autre part, une partie de la force motrice communique à ce balancier une impulsion sans laquelle son mouvement s'arrêterait à la longue.

Il existe, ainsi que nous l'avons dit au début du chapitre, un grand nombre de modèles différents d'échappement créés et perfectionnés pour éviter l'usure et assurer une marche régulière. Les deux systèmes les plus communs et qu'on rencontre le plus sont l'échappement à ancre et l'échappement à cylindre, employés dans les montres comme dans les pendules.

Le mouvement du barillet, qui tourne par d'effort du ressort intérieur tendant à se dérouler, est transmis par plusieurs trains d'engrenages à aiguilles de minutes, et l'échappement est intercalé pour agir sur le dernier mobile. L'aiguille des heures, qui tourne douze fois moins vite que l'autre, est commandée par un train spécial constituant la *minuterie*. La sonnerie forme un mécanisme séparé, ayant son barillet spécial.

Le mécanisme de sonnerie dit à *chaperon*, dans lequel deux trains d'engrenages commandés par un barillet spécial actionnent deux fois par tour la queue du marteau frappant les heures et les demies sur le timbre. On emploie également beaucoup, dans les pendules, le mécanisme de sonnerie dit à *rateau*, dans lequel la pièce principale est une sorte de rateau mobile sur la roue de compte.

Quand on met une pendule à l'heure et que la sonnerie est dérangée, on sonne l'heure aux demies, on fait faire vivement un tour à la grande aiguille, sans donner le temps à la sonnerie de fonctionner, avant que l'on soit revenu sur le midi. Les horlogers emploient un moyen plus simple, mais qui demande une certaine connaissance des pièces du mouvement ; ils lèvent une petite détente qui se trouve près du marteau, autant de fois qu'il faut faire sonner d'heures pour rattraper celle actuelle.

La grande aiguille d'une pendule ordinaire ne doit jamais être tournée en arrière sous peine de déranger les effets de sonnerie. Il faut donc se résigner à tourner à droite jusqu'à l'heure véritable, en ayant soin de s'arrêter aux heures et aux demies pour donner à la pendule le temps d'accomplir ses fonctions.

On fait depuis longtemps des mouvements qui ne mécomptent pas, ils ne sont préférables aux autres qu'à la condition que l'horloger qui termine le mouvement corrigera un certain défaut inhérent à la nature de cette invention. Lorsque par une cause quelconque, la sonnerie cesse ses fonctions avant celles du mouvement, la détente peut s'engager dans une pièce appelée *limaçon*, et faire ainsi arrêter la pendule même lorsqu'elle est remontée de nouveau. Il faut donc en ce cas avoir recours à l'horloger.

MISE EN MARCHE ET SOINS A DONNER AUX PENDULES. — On commence par raccrocher le balancier, qui a été enlevé pour le transport, et on le place avec soin, ses deux crochets sur le ténon de la suspension, puis on revisse le timbre de sonnerie quand il a fallu l'enlever.

On met ensuite la pendule d'aplomb, opération qui diffère complètement du *calage* devant simplement empêcher la pendule de vaciller sur son support.

Lorsqu'une pendule est d'aplomb, les deux coups frappés par l'échappement sont d'égale durée, c'est-à-dire que le balancier emploie le même temps pour ses oscillations de droite que pour celles de gauche. Mais si ces coups sont inégaux de durée et boiteux en quelque sorte, il faut y remédier en levant la pendule avec des cales du côté où le coup est le plus long. Les horlogers pour obtenir ce même résultat, faussent la fourchette ; cette opération ne peut être exécutée que par des mains expérimentées.

Dans tous les cas, un mouvement brusque au balancier pourrait occasionner des dommages.

Telles sont les connaissances qu'il est indispensable à toute personne de posséder sur les appareils usuels de l'horlogerie. Nous y ajouterons quelques conseils sur l'entretien et la régularisation des pendules et des montres, à l'usage des amateurs qui ne sont pas horlogers, mais désirent, ce qui est possible, et même relativement facile, entretenir leurs appareils horaires en bon état, sans le secours d'un praticien.

La montre n'est qu'une réduction du mécanisme des horloges et pendules, et est composée des mêmes pièces. Elles sont pourvues du ressort spiral faisant office de balancier et de l'encliquetage permettant de les remonter et de bander les ressorts sans pour cela en arrêter le fonctionnement.

Le système est absolument le même, mais en plus petit que celui qui est appliqué aux horloges.

ENTRETIEN D'UNE MONTRE. — Lorsque vous êtes en possession d'une bonne montre, vous devez, pour en obtenir de bons résultats, vous conformer aux préceptes suivants :

1° Remonter votre montre tous les jours à la même heure. Cette opération se fait généralement à l'instant où l'on se couche. En prenant sa montre pour s'en débarrasser, il doit plus facilement venir à la pensée de la remonter ;

2° On doit éviter de déposer une montre sur un marbre ou près de tout autre corps froid. La brusque transition de température, en contractant les métaux, peut souvent faire casser un ressort. Ensuite le froid coagule les huiles, et les rouages, devenus moins libres, ne conservent plus à la montre sa même régularité.

3° Lorsque l'on quitte sa montre, on doit avoir soin de la suspendre, de manière à ce qu'elle conserve la position verticale qu'elle avait dans la poche. La différence entre ce que les horlogers appellent le *plat* et le *pendu* peut, en une nuit, causer à certaines montres une grande variation.

4° En suspendant votre montre, assurez-vous qu'elle ne peut vaciller, car, dans certains cas, le mouvement du balancier peut imprimer à la montre des oscillations qui troublent considérablement sa marche.

5° Si l'on veut conserver longtemps la propreté de sa montre, il faut s'assurer d'abord que la boîte ferme hermétiquement, puis ne la mettre que dans une poche en peau. Les poches de toile et celles de coton surtout, dégagent par le frottement un duvet qui entre dans les montres même les mieux fermées.

6° Ne remontez jamais votre montre en plein air. La poussière soulevée par le vent, peut entrer dans les trous des remontoirs et causer promptement des avaries ;

7° La clef d'une montre doit être petite, afin de pouvoir sentir facilement la résistance de l'armetage ; on peut alors s'arrêter à temps pour ne rien forcer. Il faut aussi que le carré

soit très bien ajusté sur celui de la montre ;
s'il est trop grand, il peut en même temps
causer au carré du remontoir un dégât dont la
réparation est très coûteuse.

Une montre ne peut aller indéfiniment sans
être réparée. Au bout d'un certain temps, les
huiles se sont séchées et le corps solide qui en
résulte, ainsi que la poussière et l'usure, viennent apporter un trouble dans les parties mobiles de la montre. Les fonctions devenues
irrégulières finissent souvent par cesser complètement leur service.

Une personne qui, possédant une bonne
montre, désire la conserver telle, doit la faire
nettoyer tous les deux ou trois ans au plus
tard. Mais il faut avoir soin de ne confier cette
réparation qu'à des mains sûres ; un ouvrier
inhabile peut, par un coup de maladresse, causer un grand préjudice à la montre, même la
mieux construite. Une économie mal entendue
porte quelquefois à s'adresser à des ouvriers
médiocres, et par cette raison qu'on a pas
confiance en leur travail, on débat avec eux un
prix déjà très modéré. Il est rare qu'on ob-
tienne pas la réduction demandée. Malheur
alors à la montre réparée dans de telles conditions !

On croit assez généralement qu'un horloger
indélicat peut substituer à certaines pièces

d'une montre des pièces d'une qualité inférieure. Cette substitution ne s'est peut être jamais faite par cette simple raison qu'en dehors des difficultés qu'elle présenterait, elle ne pourrait offrir aucun profit à son auteur.

AVANCE ET RETARD. — Il existe dans toutes les montres un limbe ou cadran d'avance et retard, sur lequel est un index mobile. Les deux mots *Avance* et *Retard*, gravés à chaque extrémité de ce limbe, ne laissent aucun doute sur la direction à donner à l'aiguille, pour obtenir de la montre une marche plus lente ou plus rapide. On comprend facilement que si la montre avance, on doive pousser l'index vers le retard, et réciproquement. Cette opération doit s'exécuter avec beaucoup de soin et de circonspection, en raison de la susceptibilité et de la fragilité de ces organes régulateurs. Il serait impossible de donner aucun renseignement sur le rapport pouvant exister entre les degrés du cadran et les variations de la montre ; ce n'est donc que par tâtonnements que l'on peut arriver à trouver le point précis qui doit amener l'heure à sa plus grande régularité.

Lorsqu'une montre n'a qu'un faible écart, on se contente de pousser l'index d'un degré. L'on attend alors vingt-quatre heures pour juger de l'effet, et l'on agit ensuite selon le résultat obtenu. Dans le cas où la variation serait plus grande, comme, par exemple, dix minutes d'avance en un jour, on doit pousser l'index au bout du retard, sauf à revenir le lendemain sur ses pas.

Mais si, dans cet état, la montre avançait encore, il faudrait que ce fut l'horloger qui se chargeât de la régler.

FIN

TABLE DES CHAPITRES

Grande Imprimerie de Troyes, 126, rue Thiers

EXTRAIT DU CATALOGUE

ROMANS DIVERS

EXTRAIT DU CATALOGUE

ŒUVRES DE FENIMORE COOPER

J.-B. WYSS

PAUL DE SÉMANT

Aventures de Dache :

THÉODORE CAHU

Chez tous les libraires : 0 fr. 20 — Franco-poste : 0 fr. 25

EXTRAIT DU CATALOGUE

ŒUVRES DE PAUL FÉVAL

ŒUVRES DE PAUL FÉVAL FILS

ŒUVRES DE CHARLES DE BERNARD

EXTRAIT DU CATALOGUE

PETITE BIBLIOTHÈQUE AGRICOLE PRATIQUE

Publiée sous la direction de J. RAYNAUD

Directeur de l'École pratique d'Agriculture de Fontaines
(Saône-et-Loire)

Un volume broché............. 0 fr. 20
—   cartonné......... 0 fr. 40

Franco poste, broché : 0 fr. 25 ; cartonné : 0 fr. 50

EXTRAIT DU CATALOGUE

ŒUVRES DE MAYNE-REID

ROMANS ÉTRANGERS

EXTRAIT DU CATALOGUE

ŒUVRES COMIQUES

René Blond. — *La vie de caserne en rose :*

408   Le Soldat Boustif........................ 1 v.
409   Le Caporal Boustif....................... 1 v.
410   Le Sergent Boustif....................... 1 v.
416 **Paul de Sémant.** — Le Sergent Blache........ 1 v.
417   —   Les Farces du P'tit Frick.. 1 v.
418   —   Ce Sacré Poilut............ 1 v.
419   —   Ce Sacré Foissotte......... 1 v.
420 **Paul Féval fils.** — Un Notaire embêté........ 1 v.
421 **Théodore Cahu.** — Le Régiment des hommes à
                        poil.................... 1 v.
422   —   Nos farces au Régiment.... 1 v.
423   —   L'Amour, il n'y a que ça... 1 v.
424 **Ch. Bérard.** — Pour rire à deux............. 1 v.
426 427 **Pigault-Lebrun.** — Monsieur Botte......... 2 v.
428 429   —   L'homme à la pièce curieuse. 2 v.
432 **Joseph Montet.** — La Vie fantasque.......... 1 v.
433 **D. Chéri.** — La vertu du Mari.............. 1 v.
434   —   La vertu de Madame.......... 1 v.
435 **Ch. Bérard.** — Les 6 femmes de M. Pingouin.. 1 v.
436 **Jean Soleil.** — La Bicycliste récalcitrante...... 1 v.
437 **Max de Jersey.** — Tertrouille au 41ᵉ d'Artillerie. 1 v.
438   —   Tertrouille ordonnance....... 1 v.

ROMANS D'AVENTURES

Vincent Huet. — *Au Pays Arabe :*

501   Le Disparu............................. 1 v.
502   Les Cavernes des Hall-el-Oued.......... 1 v.
503 504 **G. Guitton-Le Rouge.** — La Conspiration des
                              Milliardaires..... 2 v.
505 506   —   A coups de milliards........ 2 v
507 508   —   Le Régiment des hypnotiseurs. 2 v.
509 510   —   La Revanche du Vieux-Monde. 2 v.
511 512 **Capitaine Marryat.** — Le Vaisseau Fantôme 2 v.
513 514   —   Le Spectre de l'Océan 2 v.

Chez tous les libraires : 0 fr. 20 — Franco-poste : 0 fr. 25